Building
Construction
HandBook

건축기술핸드북시리즈

클레임

남진권 역

기문당

이 책을 발간하면서

건설업에서의 클레임 문제는 품질보증체제 확립과 신뢰 확보를 위해 업계 전체가 적극적으로 대응해 왔다. 그러나 최근에는 건축물의 다양화 · 다기능화 · 고도화됨에 따라 클레임 역시 이제까지 보다 더욱 다양한 문제를 제기하며, 완성 공사비에 대한 보수비의 비율은 더욱 증가되는 경향이 있어 만족스러운 결과를 얻지 못하고 있는 것이 현실이다.

(사)건축업협회는 이제까지 회원 각사에서 대응해온 클레임 문제에 대한 연구 성과인『건축공사 하자 · 클레임 방지기술 매뉴얼』을 출판하여 업계에서 높은 평가를 받아왔다.

이 두 권의 책은 모두 회원 각사의 '건축생산에서 클레임 보수에 관한 앙케트 조사'를 바탕으로 한 것이며, 클레임 문제에 대한 각사의 의식 · 대응방법 등을 반영한 매우 의미 있는 귀중한 자료였다.

그간 내용에도 많은 변화가 있었기 때문에 다시 회원 82개사에 같은 앙케트 조사를 실시하여 그 내용을 일부 소개하고 모든 사례를 다시 살펴보기로 했다. 현상에 맞는 새로운 사례를 보충했으며 현상 · 원인 · 대책과 함께 대처방법과 재발방지 포인트를 새로이 추가했다. 또한 건축 관련자의 편리성을 고려하여 항상 휴대할 수 있는 크기로 지면을 바꾸었다. 이 책이 건축물의 품질 향상과 클레임 방지에 도움이 되는 핸드북으로 활용되기를 바란다.

끝으로 이번 개정판 출판에 있어서 바쁘신 가운데서도 앙케트 조사에 협력해 주시고, 귀중한 기술자료와 사례를 제공하여주신 회원 각사에 진심으로 감사드린다.

저 자

역자서문

건설업은 타 산업에서 볼 수 없는 특성과 그에 기인한 문제로 인해 항상 클레임의 요인이 잠재되어 있고, 이를 해결하기 위한 많은 시도가 행해지고 있으나 만족스럽지 못하다. 클레임은 건설공사의 종류만큼이나 다양하고 복잡하여 이를 해결하는데도 어려움이 따르게 된다. 그러나 인체의 경우에도 발병에는 원인이 있고 또한 일정한 공통된 증상이 있듯이 건설공사에 대한 클레임에도 공사의 종류나 부위에 따라 나름대로 특성과 유형이 있다. 그리하여 우리 주변의 건설공사, 특히 건축공사를 시공하는 과정에서 가장 빈번하고 반복적으로 발생되는 클레임을 유형별로 구분하여 현상과 대책 등을 정리한 책이 「클레임 핸드북」이다.

이 책은 일본의 (사)건축업협회가 회원사를 상대로 설문조사를 통해 자주 발생하는 클레임의 내용 등을 구조체, 방수, 외벽 · 외장, 설비, 건축환경, 내진 등에 대하여 현상 · 원인 · 처치 · 대책 순으로 요약 정리한 것이다. 또한 보다 실무적인 이해와 접근을 위해 클레임(하자) 부분에 대한 생생한 현장사진과 함께 체크사항 및 품질관리 포인트를 실어 요점사항을 분명히 하고 있다. 내용에서 보아 알 수 있듯이 클레임의 대상이 되는 분야는 우리 생활환경과 매우 밀접한 관련이 있는 건축물과 설비분야로서 현장실무에서 공통적으로 많이 경험하게 되는 부분이기도 하다.

이 책은 건설기술자뿐만 아니라 건축 분야에 관심이 많은 일반인도 쉽게 알아볼 수 있도록 꾸며졌다. 기술자는 항상 휴대하면서 현장에서 곧바로 펼쳐볼 수 있도록 핸드북형태로 만들어졌으며, 초보자에서부터 중견사원에 이르기까지 가까이 접할 수 있도록 요약된 기본 지침서이기도 하다. 다만, 일본의 건축공사에 대한 내용을 옮겨왔기 때문에 다소 우리의 실정과 법규에 맞지 않을 수도 있고, 용어를 인용하는데 적당하지 않아 부자연스러운 점도 있다는 사실에 대하여 이해를 구하고자 한다.

역 자

Contents

1장 이 책을 보는 법·사용방법

1 구 성

이 책은 현상별로 자주 발생하는 55가지의 클레임 사례에 대해 각 사례를 양면으로 펼쳐 볼 수 있도록 구성하여 사례→현상→원인→해결→대책→품질관리 포인트 순으로 해설해 나가고 있다.

왼쪽 페이지에는 클레임 사례의 사진(잘못된 곳에 ○나 →로 표시함)을 싣고, 클레임이 발생한 원인과 함께 해결방법을 나타냈다.

오른쪽 페이지에는 클레임 재발방지를 위해 해당 사례의 어느 단계에서 체크해야 하는지를 심벌마크(아래 참조)로 나타내고, 올바른 마무리와 시공지침을 그림으로 설명하며 재발 방지 및 품질관리 포인트를 간결하게 정리했다.

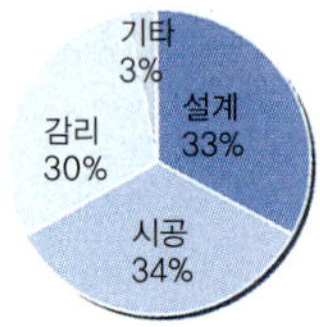

생산공정별 클레임발생의 원인

● **심벌마크에 대해서**

이 책에서는 클레임 방지를 위해 설계, 시공, 감리의 각 담당자가 해결할 항목을 명확히 하기 위해 다음과 같은 심벌마크를 사용하여 분류했다.

 설계자 • 공사감리자

 시공관리자 • 전문공사업자

2 클레임 대응 실적

('건축생산에서 클레임 보수에 관한 앙케트 조사' 2002년도 실시에서)

■ **클레임 보수비용(완성공사에 대한 비율)의 추이**

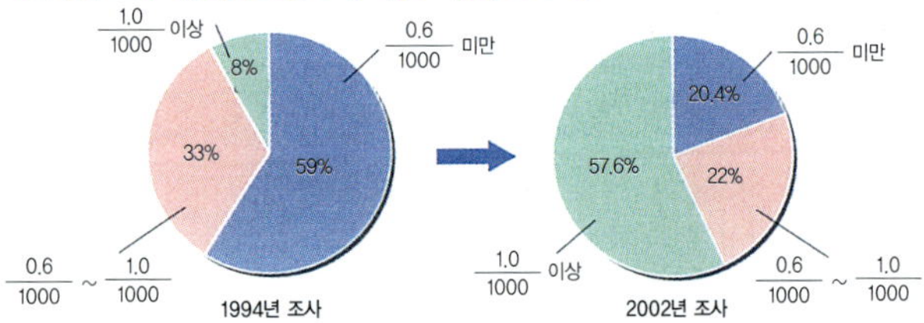

■ **클레임 내용**

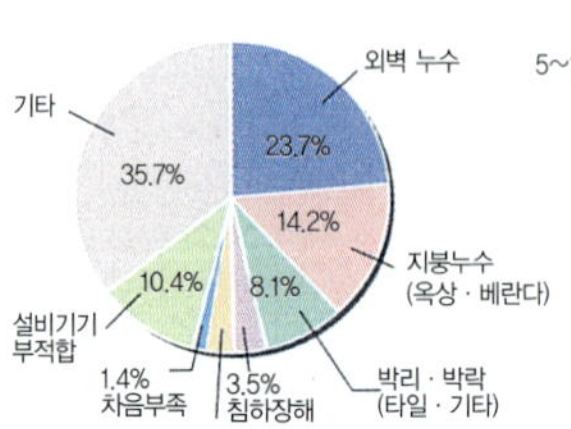

■ **클레임 발생시기**

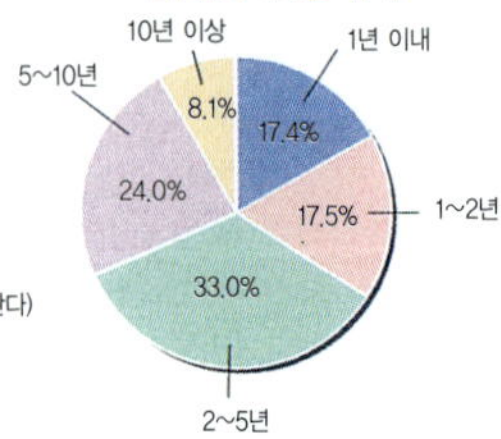

3 품질관리 포인트

클레임의 원인을 없애고 또다시 같은 문제점이 발생되지 않도록 하기 위해서는 설계, 시공, 감리의 각 단계에서 충분한 협의와 검토가 필요하다. 시공 부위마다 요구되는 품질을 확보하기 위해서 설계단계 또는 시공계획, 시공관리에 있어서의 포인트를 잘 이해하여 클레임이 발생하지 않도록 미연에 방지하며 재발 방지를 위해 노력한다.

❖ 품질관리 포인트

- ○○○
- ○○○○○○○○○○○○○○○○○○○○○○○○○○○○○○○○○○○○○

역시,
이곳을 주의해야 되는군!

4 보는 법 · 사용법

■ **건축물 품질관리의 의식 향상에!**

클레임이 발생하는 원인을 잘 이해하고 설계단계 또는 시공단계에서 의문이 생기면 그 자리에서 바로 이 책을 펼쳐 대조해보는 것이 중요하다. 이렇게 반복함으로써 올바른 품질관리 지식을 익히도록 한다.

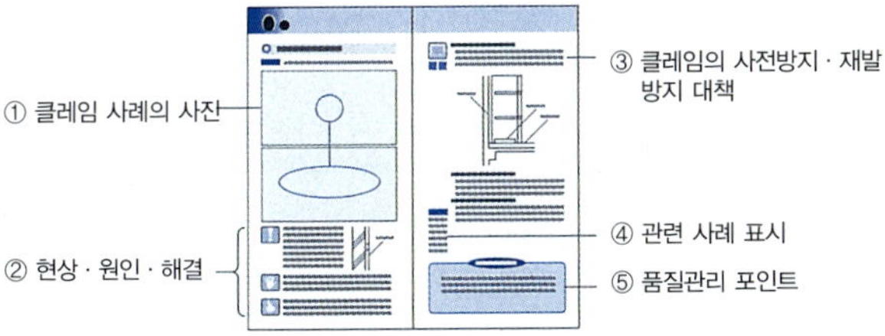

주) **「설계도서 확인 · 사전 협의가 최우선」**

각 공사의 설계도서에 의한 특기시방은 설계사무소, 발주처에 따라 다른 경우가 많으므로 이 책과 차이가 있을 수 있다. 그럴 때에는 설계도서를 잘 확인하며 클레임 발생이 예상될 경우에는 발주자, 설계자와 사전에 충분한 협의를 하는 것이 원칙이다.

**작업복 윗주머니에는 '건축기술핸드북'을
이것이 클레임 방지의 첫걸음이다.**

2장 부위별 클레임 사례 일람

● 자주 발생하는 부위별 클레임 사례

누수

❶ 구조슬릿(slit)재와 실링 위치의 어긋남에 의한 누수
❷ 벽과 난간의 콘크리트 이어치기 부분의 누수
❸ 외벽 크랙으로 인한 빗물 침입
❹ 세퍼레이터 · 콜드조인트의 누수
❺ 알루미늄재 창호의 누수
❻ 복도 난간벽 · 슬래브의 크랙에 의한 누수
❼ 하프PC판 조인트 부분의 줄눈에서 아래층으로의 누수
❽ 밴드캡의 실링 끊김에 의한 누수
❾ 급배수관의 구체 관통부 누수
❿ 파라펫 방수층의 치올림 치수 부족에 의한 누수
⓫ 턱 · 물끊기와 구조체를 설치하지 않아 발생된 누수
⓬ 방수층 팽창 부분의 박리에 의한 누수
⓭ 옥상에 설치한 설비기기의 배수에 의한 누수
⓮ 우레탄 도막 두께 부족에 의해 조기부식된 처마에서의 누수
⓯ 우레탄 도막 방수층의 팽창부분 손상에 의한 누수
⓰ 배수 드레인의 설치위치 불량에 의한 누수

침하 · 들뜸

㉜ 빗물에 의한 부력으로 건물이 들뜸
㉝ 되메우기 불량에 의한 다짐바닥 콘크리트의 침하
㉞ 되메우기 불량에 의한 매설배관의 파손
㉟ 기초형식의 차이에 의한 익스팬션 조인트 철물의 파손

결로

㊱ 거실바닥 · 천장의 결로
㊲ 반침 내의 결로
㊳ 새시 테두리의 결로 · 곰팡이
㊴ 지하 창고 천장 슬래브의 결로

차음 · 소음

㊵ 경계벽의 차음성능 저하
㊶ 건식 이동마루의 바닥울림

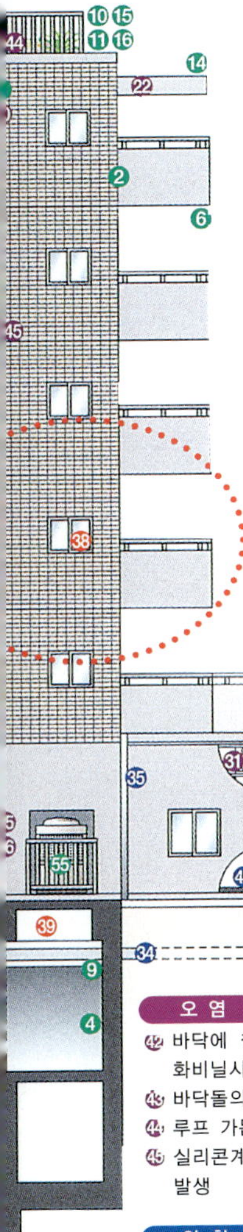

* ❶~55 의 숫자는 이 책에서의 사례 번호를 나타낸 것이다.

박리 · 탈락

17 압착붙임에 의한 외장타일의 일부 박락
18 외벽의 깊은 줄눈마감에 의한 외장 타일의 박락
19 외장타일이 신축줄눈 부근에서 박락
20 구조슬릿부에 붙인 타일의 균열
21 외벽 세트백 부위의 타일이 방수층에서 박리
22 외벽 우레탄 도장의 박리
23 돋움 다짐바닥 콘크리트의 균열과 들뜸
24 다짐바닥 타일면의 균열과 들뜸
25 외벽 이어치기 부위의 콘크리트 박리
26 콘크리트 폭열에 의한 외벽기둥 · 보 부위의 박락
27 셀프 레벨링재의 박리
28 실내(주택) 복도의 플로어링 바닥 박리

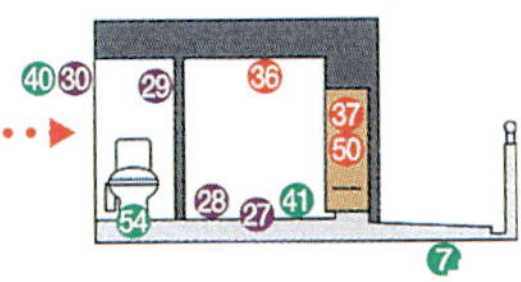

29 접착제 붙임공법에 의한 화장실 타일의 박리
30 LGS 바탕과 GL 바탕의 접합부 균열
31 철골보형 내화피복재의 박락

오 염

42 바닥에 칠한 스프레이 페인트가 장척염화비닐시트 표면에 스며나옴
43 바닥돌의 백화현상
44 루프 가든 바닥 타일면의 백화현상
45 실리콘계 실링재가 줄눈 주위에 오염을 발생

악 취

46 바닥타일 카펫의 악취
47 통기 밴드캡의 악취

기 타

48 새시 모서리의 구부러짐
49 망입유리의 열로 인한 파손
50 현장발포우레탄의 2차 발포
51 처마반자의 파손
52 처마 알루미늄 스팬드럴의 부분부식

설 비

53 빗물 배수펌프에 의한 소음
54 화장실배수음의 소음
55 공조실외기 설치장소의 부적합에 따른 효율 저하

3장 누수대책-외벽

1 구조슬릿의 누수

사례 1 구조슬릿재와 실링위치의 어긋남에 의한 누수

현 상

준공한 지 6개월 된 13층짜리의 RC조 집합주택으로, 3층 거실의 천장부분에서 누수가 발생했다. 또한 바로 위층인 4층의 박공벽(타일붙임) 부분에서 크랙이 확인되었다.

원 인

1. 구조슬릿재를 구조체에 쳐넣을 때 마무리를 제대로 확인하지 않아 실링과 콘크리트와의 접착면 두께가 3mm(A-A 단면) 밖에 확보되지 못했다.
2. 콘크리트 타설시 구조슬릿재가 변형되어 있었다.
3. 외장타일이 구조슬릿을 넘어 붙여져 있었으며 타일의 실링위치와 어긋나 있었다.

해 결

누수가 확인된 외벽면에 비계를 설치하여 구조슬릿재의 거푸집 줄눈받이 부분의 치올림(rise)을 자르고 실링 두께를 확보하여(12mm) 시공했다. 또한 외장타일에 관해서는 구조슬릿과 같은 위치에 신축줄눈을 설치했다.

대 책

1. 구조슬릿재의 선정

사용개소에 맞게 재료를 선정하고, 외벽에는 지수조치가 되어 있는 것을 사용한다.

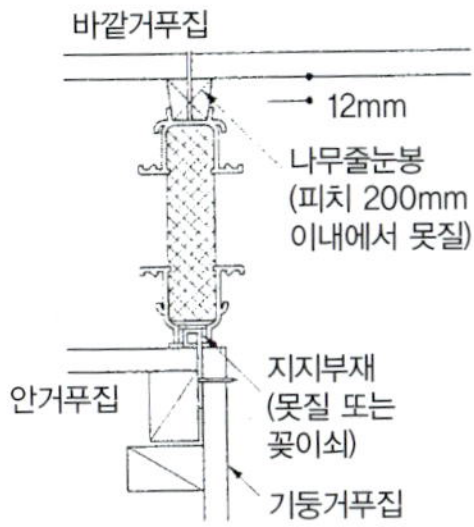

수직슬릿

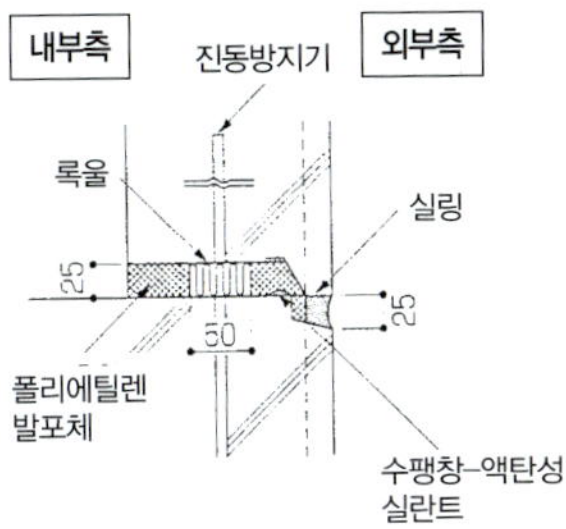

수평슬릿

2. 구조슬릿재의 시공

수직슬릿

① 줄눈봉의 경우 콘크리트의 측압에 견딜 수 있도록 200mm 정도의 간격으로 못질을 한다.

② 세퍼레이터로 고정시킬 경우는 일반 거푸집용 세퍼레이터의 간격보다 좁게 한다.

③ 줄눈봉의 깊이는 실링재와 구체의 접착면이 최소한 12mm 이상 확보될 수 있는 것을 선정한다(슬릿재 측면에 부틸 테이프를 붙여 구체와의 2차 지수 형상으로 된 것도 있다).

수평슬릿

① 설치면의 콘크리트는 레벨의 정밀도를 높이고 쇠흙손 누름으로 한다.

② 필요에 따라 콘크리트 바닥면에 못질을 한다.

체 크

대책 1 ☞
사례 20
대책 2 ☞
사례 2
사례 25

3. 수직슬릿의 콘크리트 타설시 주의사항

① 줄눈봉 못질 설치를 하는 경우는 타설 시작시 양면에서 번갈아가며 타설하여 측압이 분산되도록 한다.

② 세퍼레이터 고정철물을 사용할 경우, 전용 철물고정의 반대쪽부터 타설을 시작하고 이후 양면치기로 한다.

❖ 품질관리 포인트

☞ 설치장소에 요구되는 기능을 갖춘 슬릿재를 사용할 것

☞ 콘크리트 타설시에는 수직 · 수평선이 확보될 수 있게 고정하며 타설순서를 지킬 것

☞ 외장타일의 부착을 고려하여 슬릿 위치를 정할 것

☞ 콘크리트 타설 후 슬릿의 위치와 치수 등의 타입상태를 확인할 것

2 외벽 콘크리트 이어치기 부분의 누수

사례 2 벽과 난간의 콘크리트 이어치기 부분의 누수

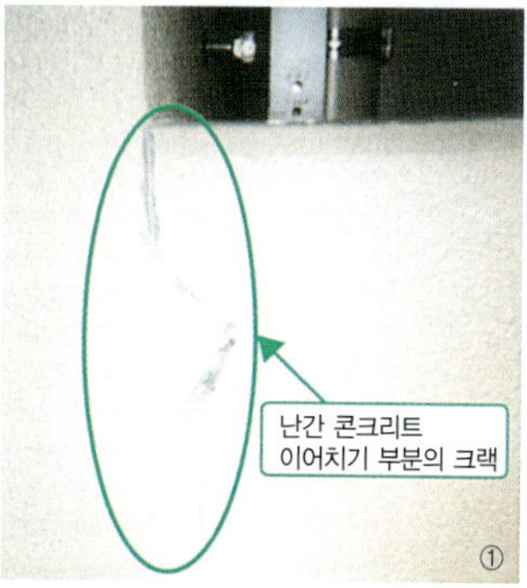

현 상

준공한 지 6개월 된 3층짜리 RC조 집합주택으로, 내부계단 3층 천장에서 누수가 발생했다. 누수된 거실(주택)은 메조넷 형식(오른쪽 그림 참조)이며, 내부계단 및 천장은 콘크리트 위에 나무바탕+석고보드+크로스 마감으로 되어 있다.

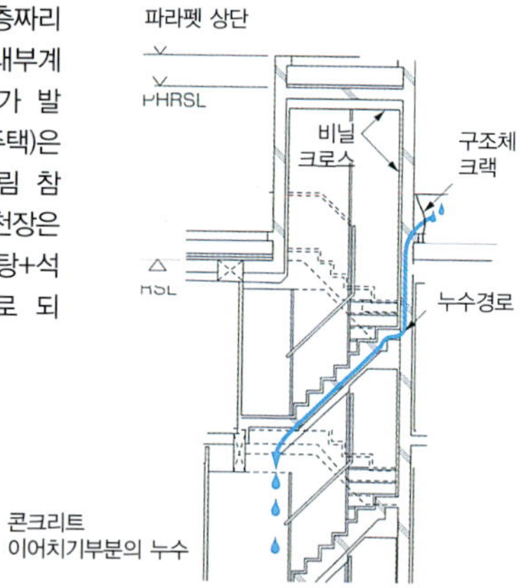

원 인

1. 옥상난간은 세트백이기 때문에 마무리가 복잡하며 치올림이 높아(사진 ①), PH층 외벽 콘크리트와 일체치기로 하지 않았다. 또한 이어치기 부분에 적절한 지수조치를 하지 않아 크랙이 생겼으며 빗물이 침입했다.
2. 옥상에서 온도변화에 따른 열수축에 대응할 수 없었다.

해 결

콘크리트 이어치기의 크랙부분을 U형으로 자르고 폴리설파이드계 실링재로 충전한 후 도장마감을 했다. 또한 외부측은 곤돌라를 사용해서 작업했다.

대 책

1. 콘크리트 이어치기의 마무리

외부에서 물이 침입할 우려가 있는 곳은 실링이나 지수판 등을 설치하여 반드시 지수조치를 한다.

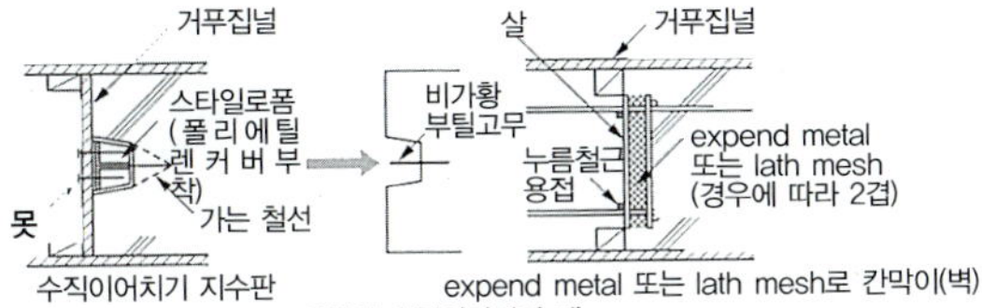

외벽의 수직이어치기 예

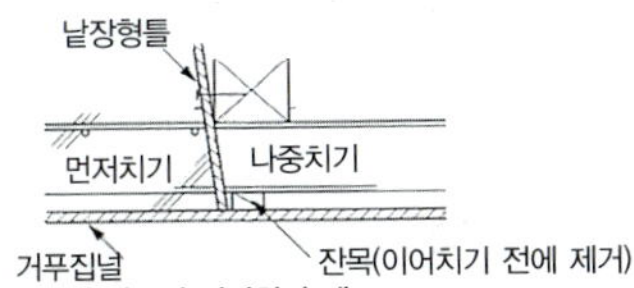

슬래브의 이어치기 예

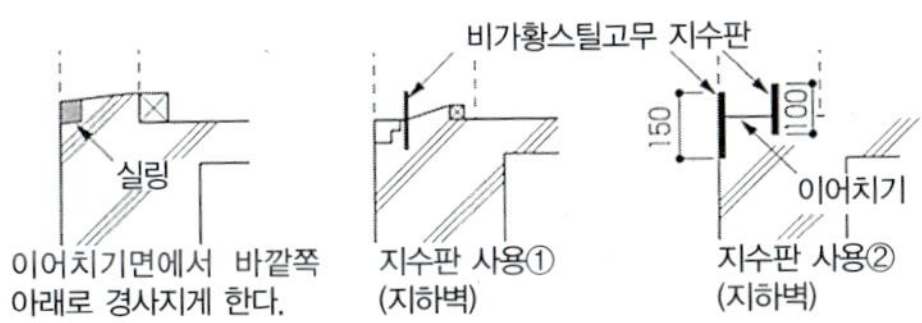

외벽의 수평이어치기 예[1)]

2. 일반적인 실링 줄눈의 형상

줄눈표준치수표[2)]

<table>
<tr><th rowspan="2">실링의 종류</th><th colspan="2">줄눈폭</th><th colspan="2">줄눈깊이</th></tr>
<tr><th>최 대</th><th>최 소</th><th>최 대</th><th>최 소</th></tr>
<tr><td>실리콘계*</td><td rowspan="5">40</td><td rowspan="6">10</td><td rowspan="2">20●</td><td rowspan="6">10</td></tr>
<tr><td>변성 실리콘계</td></tr>
<tr><td>폴리설파이드계*</td><td>30◆</td></tr>
<tr><td>아크릴우레탄계</td><td rowspan="2">20</td></tr>
<tr><td>폴리우레탄계</td></tr>
<tr><td>아크릴계</td><td>20</td><td>15</td></tr>
</table>

● : 2성분형 변성실리콘계인 경우는 30mm ◆ : 1성분형 폴리설파이드계인 경우는 20mm * : 유리 주위의 줄눈폭 최소치수는 6mm

체 크

대책 2 ☞
사례 25

❖ 품질관리 포인트

☞ 벽 · 보 · 슬래브의 수직이어치기 부분은 결함이 생기기 쉬우므로 가급적 이어치기를 하지 않도록 계획할 것. 부득이하게 해야 할 경우는 부재의 전단응력이 작은 중앙부분에 한다.

☞ 지하벽이나 비를 맞는 외벽 등과 같이 물이 들어올 우려가 있는 곳은 지수성을 고려하여 실링이나 지수판 등으로 마무리하도록 정할 것. 그 외의 경우에도 움직임이 큰 곳은 실링 처치를 한다.

3 콘크리트 크랙의 누수

사례 3 외벽 크랙으로 인한 빗물 침입

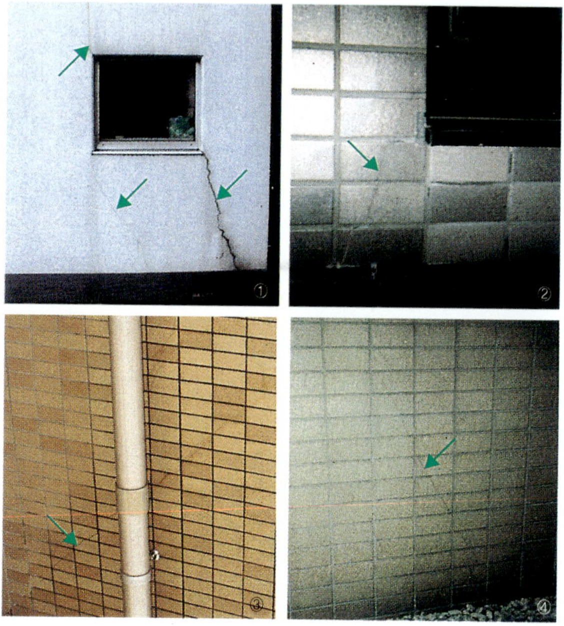

현 상

사진 ①, ② : 준공한 지 1년 된 6층짜리 RC조 집합주택으로, 1층 엔트런스 홀의 창호부분부터 내부 GL 보드면에 누수가 발생했다. 또한 외벽 타일면에는 개구부 주위에 비스듬하게 균열이 있었다.
사진 ③, ④ : 준공한 지 3년 된 10층짜리 RC조 집합주택으로, 건물의 박공벽(공간)에 비스듬하게 균열이 있으며 내부로 누수되었다.

원 인

사진 ①, ② : 콘크리트의 건조수축에 의해 크랙(균열)이 생겼고 그 크랙으로 빗물이 침입하여 누수된 것으로 여겨진다.
사진 ③, ④ : 건물 전체의 온도수축과 건조수축에 의한 수평변위가 커졌기 때문에 발생한 것이다.

해 결

1. 콘크리트를 U형으로 자른 후 폴리설파이드계 실링재를 충진했다.
2. 외장타일은 탄성접착제로 붙였다.

대 책

1. 외벽부 크랙(균열) 처리

외벽부에는 수평 · 수직으로 균열수축줄눈을 설치하여 균열을 집중처리한다.

기둥 · 보로 둘러싸인 외벽

① 유발줄눈으로 둘러싸인 1매의 벽면적을 25㎡ 이하로 한다.

② 유발줄눈으로 둘러싸인 벽면의 변장비를 1.5 이하가 되도록 배치하는 것이 바람직하다.

변장비 = 벽의 길이 / 벽의 높이

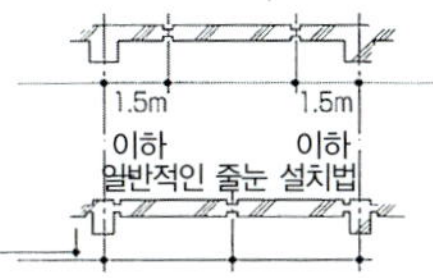

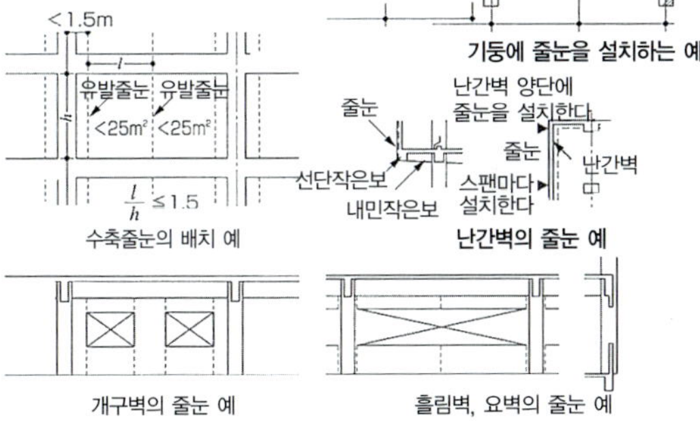

유발줄눈의 배치 예[3)]

2. 건물 단부의 보강

스팬이 5스팬이거나 건물길이가 30m 이상인 건물의 양단스팬벽에는 경사균열방지를 위해 보강근을 넣는다.

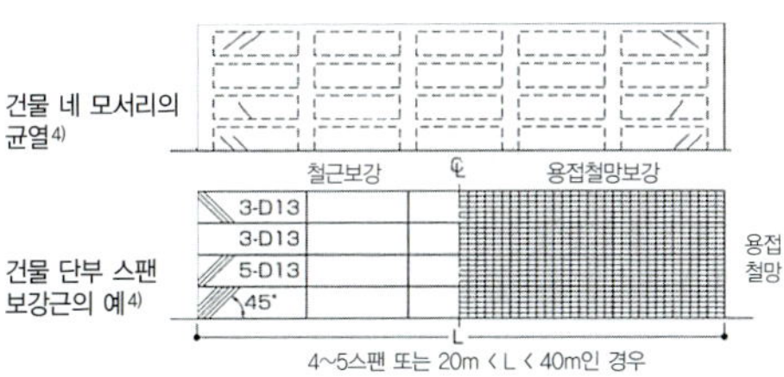

체 크

대책 1 ☞
사례 2
사례 25

❖ 품질관리 포인트

☞ 유발줄눈을 효과적으로 사용하기 위해서는 콘크리트 단면의 20% 이상의 결손율을 확보할 것

☞ 개구부 주변에는 보강철근 · 경사보강근 또는 용접철망을 배근하며, 특히 우각부(코너, 모서리)에 자주 발생하는 경사균열의 확대를 방지할 것

☞ 크랙 억제효과는 위에 기술한 대책 중 하나라도 빠지면 반감될 우려가 있으므로 주의해서 시공할 것

4 반지하의 지중벽 누수

사례 4 세퍼레이터 및 콜드조인트의 누수

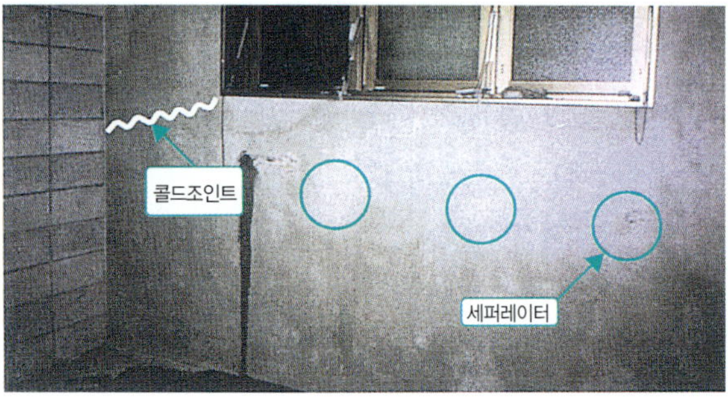

현 상 준공한 지 3개월 된 8층짜리 RC조 사무실 빌딩으로, 반지하주차장 외벽면의 세퍼레이터 부분에 빗물이 스며들어 검게 되었다(사진 ○ 표시부분). 또한 토류판은 버팀기둥 가로널말뚝으로 시공되어 있었다.

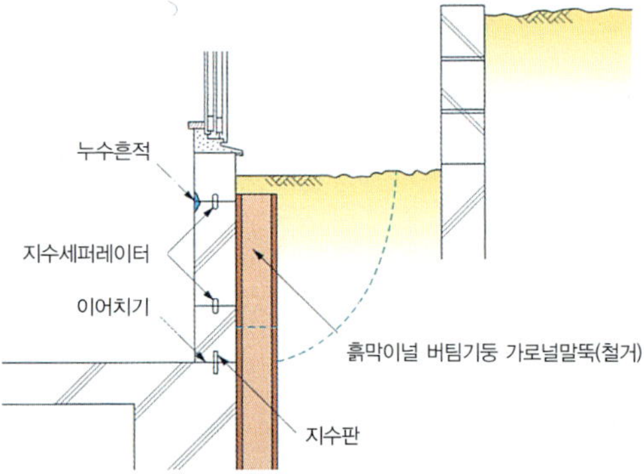

흙막이널 접합벽의 누수

원 인 흙막이판 H형강을 파묻고 콘크리트를 타설했지만 거푸집 세퍼레이터에 지수조치를 하지 않았다. 또한 콜드조인트와 크랙이 발생되어 있었다.

해 결 주차장쪽부터 에폭시수지를 주입하여 지수조치를 했지만 일시적인 효과밖에 얻을 수 없었다. 따라서 외부측부터 굴삭하여 흙막이판 버팀기둥 H형강을 절단하고 콜드조인트 및 세퍼레이터 주위에 부분적으로 우레탄 도막방수처리를 했다.

대 책

1. **외방수공법**(지하구체 외부에 방수층을 설치한다.)
   ① 후부착공법(콘크리트타설 후에 방수시공) : 구체에 직접 방수를 한다.
   ② 선부착공법(콘크리트타설 전에 방수시공) : 버팀기둥 가로널말뚝과 버림콘크리트를 바탕으로 하여 방수한다. 또한 콘크리트의 이어치기면과 세퍼레이터 등에 부분적으로 방수한다.
2. **내방수공법**(지하구체 내부에 방수층을 설치한다.)
   ① 내벽방수공법 : 외벽에 접하는 지하실 내측의 벽 · 기둥 · 보 등에 방수시공을 한다.
   ② 이중벽공법 : 지하벽에 침입한 물을 방수시공한 측구에서 받아 집수피트(용수조)로 배수한다.

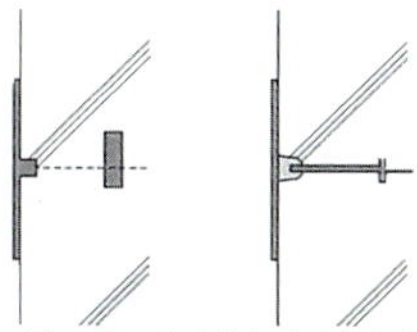

외벽의 선부착공법 예

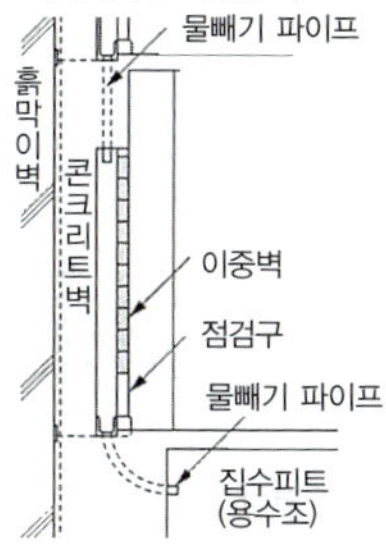

이중벽공법의 마감도

내방수공법 중에서 이중벽공법은 지하누수 대책으로서 다수의 성과가 있다. 그러나 콘크리트 내부에 물이 침입함에 따라 RC조의 내구성에 악영향을 줄 수 있다. 따라서 최근에는 외방수공법 중에서 선부착공법이 더 많이 채용되는 경향이 있다.

지하방수공법의 분류

<table>
<tr><th colspan="2">지하방수공법</th><th>구체적인 방수공법</th></tr>
<tr><td rowspan="2">외방수공법</td><td>후부착(나중)공법</td><td rowspan="2">유기계 : 개질아스팔트시트방수 · 토치공법, 비가황부틸고무계시트방수, EVA계 시트방수, 초속경화 우레탄수지흡착방수, 고무아스팔트계 흡착방수
무기계 : 폴리머시멘트모르타르계 도막</td></tr>
<tr><td>선부착(먼저)공법</td></tr>
<tr><td rowspan="2">내벽방수공법</td><td>내방수공법</td><td rowspan="2">유기계 : EVA계 시트방수
무기계 : 폴리머시멘트모르타르계도막방수, 규산질도포방수, 부분방수공법 : 지수판→비가황고무계, 염화비닐계/수팽창지수재→합성고무계, 합성수지계, 벤토나이트계/그라우트계지수재→무기질계, 합성수지계</td></tr>
<tr><td>이중벽공법
(부분방수공법 병용)</td></tr>
</table>

체 크

대책 1 ☞
사례 2
사례 14
사례 25

❖ 품질관리 포인트

☞ 지하공사의 공법과 시공시기에 따라 선택할 수 있는 방수공법이 제한되므로 공법을 결정할 때에는 타공종과의 검토가 필요하다.

☞ 콘크리트 이어치기면과 세퍼레이터 부분은 내 · 외방수에 상관없이 반드시 방수조치를 할 것

☞ 사용재료 선정과 단위수량을 저감하여 수밀성을 높인 콘크리트를 타설할 것

5 외부 창호의 누수

사례 5 알루미늄재 창호의 누수

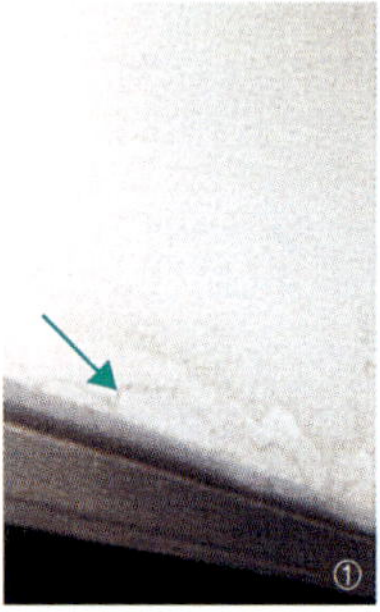

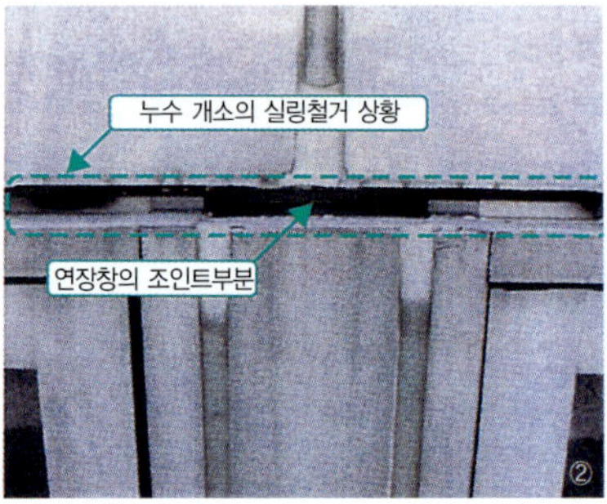

현상

사진 ① : 준공한 지 7년 된 8층짜리 RC조 사무실 빌딩으로, 2층의 면부착 R형 알루미늄새시에서 내부 커튼박스로 누수가 발생했다.

사진 ② : 준공한 지 4년 된 10층짜리- RC조 사무실 빌딩으로, 서면 3층 부분의 알루미늄 연장창 상부에서 내부 천장으로 누수가 발생했다.

원인

사진 ① : 알루미늄새시 상부의 모르타르충전 부분에서 다수의 크랙(균열)이 발생되어 있었고, 이곳에 살수시험을 한 결과 누수가 확인되었다.

사진 ② : 서쪽에 면한 알루미늄새시에서 벽 패널과 알루미늄새시 조인트가 겹친 곳이 반복적인 열거동에 의해 실링 파단을 일으켰다. 또한 알루미늄새시 조인트 부분의 물푸기가 없었기 때문에 실링이 파단된 곳에서 빗물이 침입했다.

해결

알루미늄새시 상부에 충전된 모르타르를 철거하고 전체적으로 알루미늄성형 플래싱을 부착했으며, 1차 실링 후에 무수축 모르타르로 충전했다(아래 그림 참조).

누수가 발생한 3층 부분은 곤돌라를 사용한 작업으로 누수개소의 실링을 철거하고 연장창의 조인트 부분에 물푸기철물을 부착했다. 이후 다시 실링을 했다(사진 ③ 참조).

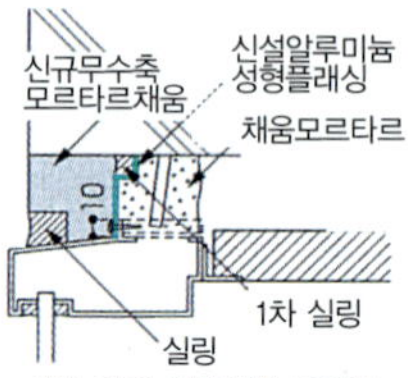

개수 후의 외부새시 마감도

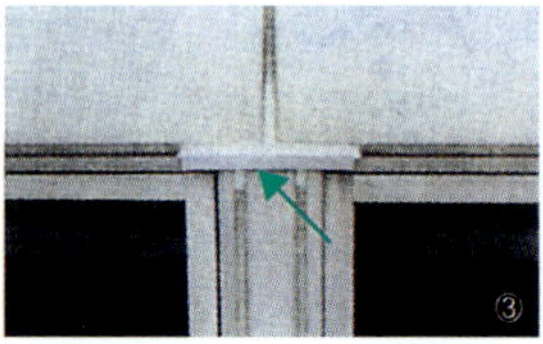

연장창 조인트 부분 부착상황

대 책

1. 플래싱

외부창호는 현장치기콘크리트나 PC와의 접합에 따른 누수대책으로 플래싱을 이용하여 1차 · 2차 실링 마무리를 고려할 필요가 있다.

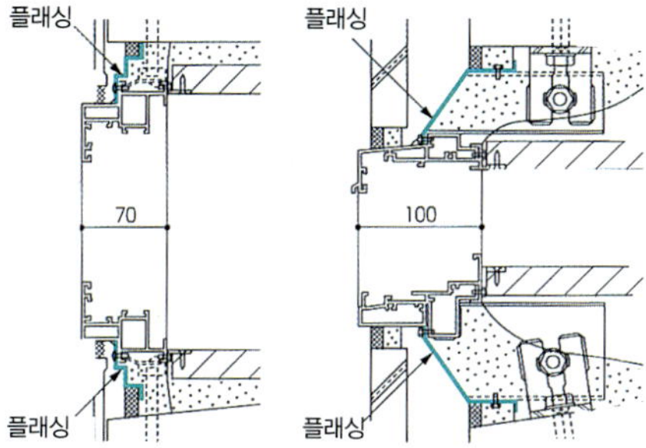

① 타일붙임인 경우　② 돌붙임인 경우

면부착 새시

2. 연장창 조인트의 처리

연장창의 조인트 부분은 천단(天端)과 소구(小口)를 공장 실링이나 알루미늄 새시와 같은 재질의 판을 사용해서 수밀성 용접으로 틈새를 막아야 한다.

3. PC커튼월의 마무리 예

(오른쪽 그림 참조)

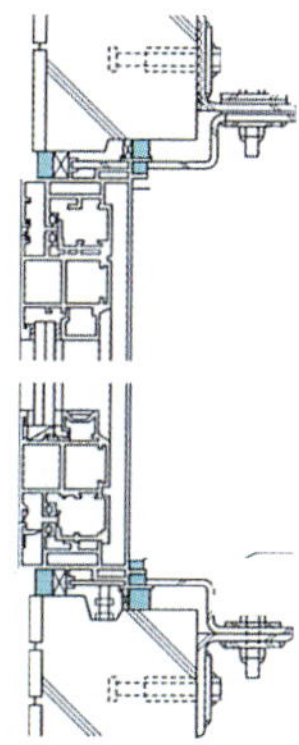

일반적인 벽패널형

PC커튼월 표준단면

체 크

대책 1 ☞
사례 2
사례 25

❖ 품질관리 포인트

☞ 알루미늄새시 등의 제작도에 대해서는 설계자의 의도를 반영하고 전문공사업자를 참가시켜 꼼꼼한 협의와 체크를 할 것

☞ 알루미늄새시와 접합할 벽면과의 마무리는 이중 지수조치로 하는 것을 기본으로 한다.

6 RC조 복도 슬래브 바닥의 누수

사례 6 복도 난간벽 · 슬래브의 크랙에 의한 누수

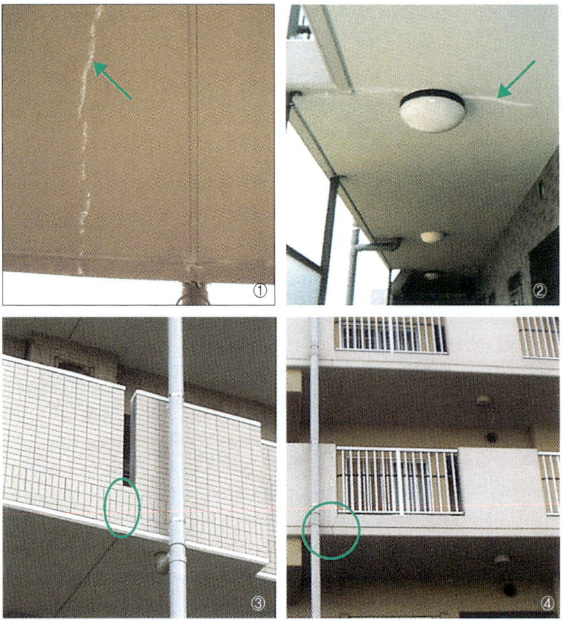

현 상

준공한 지 1년 된 12층짜리 RC조 집합주택으로, 비가 오면 공용복도 슬래브바닥에서 아래층 복도로 누수되었다. 또한 백화현상도 발생되어 있었다.

원 인

사진 ① : 난간벽과 바닥콘크리트의 유발줄눈 위치가 어긋나 있었다.
사진 ② : 바닥슬래브의 내민치수가 달라지는 경계부에 유발줄눈이 없다.
사진 ③ : 난간의 슬릿 개구 한쪽 끝에 유발줄눈이 없다.
사진 ④ : 콘크리트난간과 금속난간 경계부에 유발줄눈이 없다.

해 결

난간벽과 바닥콘크리트를 U형으로 자르고 실링처치를 한 다음에 배수구에 우레탄도막방수시공을 했다. 외부측은 곤돌라작업을 병용한 공사로 했다. 슬래브바닥에 관해서는 크랙 폭이 0.3mm 이하이면 U형으로 자르고, 실링은 하지 않으며 백화를 제거하여 도장하는 정도로 했다.

대 책

1. 발코니 · 공용복도 · 파라펫의 균열 대책

연속된 콘크리트 난간은 건조수축이나 열팽창에 의한 크랙에 대응할 수 있도록 3m 이내에 난간치올림 양면, 한쪽지지슬래브 위아래에 유발줄눈을 설치한다.

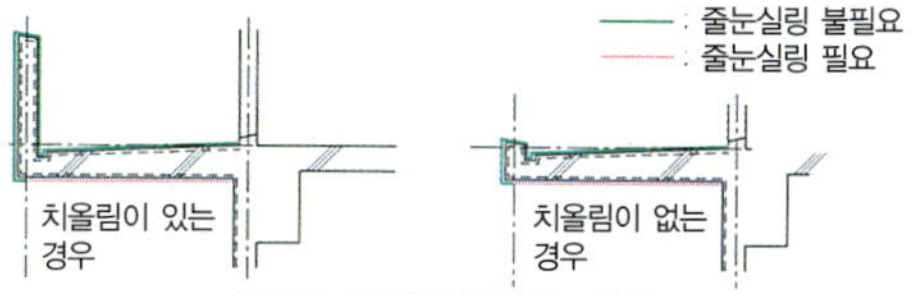

유발줄눈의 설치간격은 3m 이내

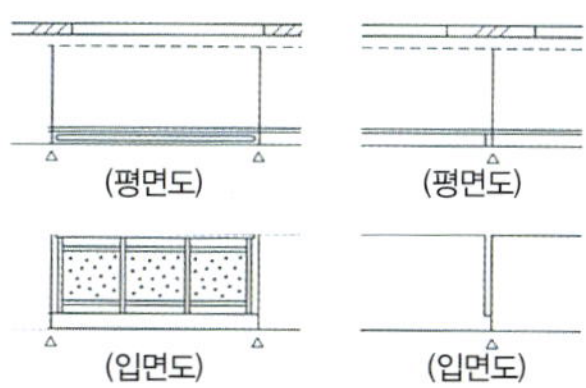

콘크리트난간과 금속난간의 경계부

콘크리트난간의 슬릿 개구의 한쪽끝

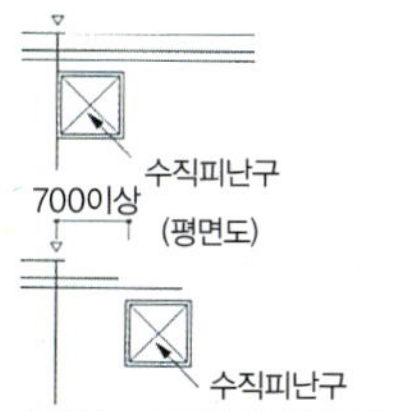

바닥의 피난개구 한 변에 맞추거나 또는 70mm 이상 떨어뜨린다.

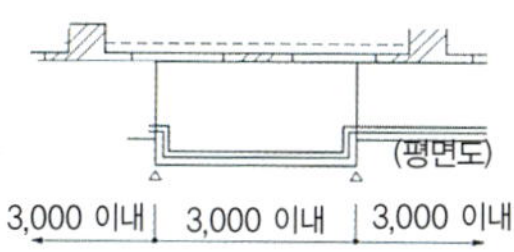

바닥슬래브 치수가 변하는 경계부

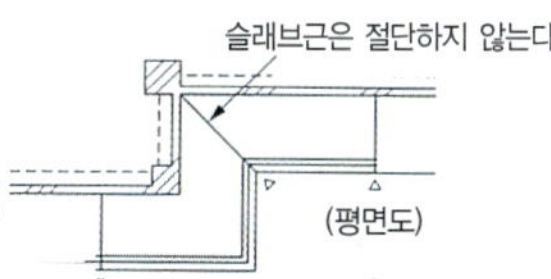

유발줄눈의 설치위치

체 크

대책 1 ☞
사례 3
사례 20
대책 2 ☞
사례 2
사례 14
사례 15
사례 25

2. 유발줄눈부분과 배수구의 마무리

배수구는 구배조정을 위해 모르타르 시공으로 하는데, 먼저 했던 유발줄눈을 메우는지 잘 볼 수 있다. 그러나 이 부분은 배수구 중에서도 유발줄눈과 같은 부분에 줄눈을 잡아 실링 시공을 하고 필요에 따라 우레탄 도막방수를 시공하는 것이 효과적이다.

❖ 품질관리 포인트

☞ 유발줄눈은 반드시 설치하고, 물이 침입될 우려가 있는 곳은 반드시 실링을 할 것. 또한 3면 접착을 기본으로 한다.

☞ 유발줄눈은 난간벽과 슬래브가 같은 곳에 오도록 타일 부착도 포함하여 위치를 정할 것

☞ 배수구 내의 우레탄 도막방수는 요구되는 공사보증기간을 확인하여 공법을 정할 것

7 복도 PC판 조인트부의 누수

사례 7 하프PC판 조인트 부분의 줄눈에서 아래층으로의 누수

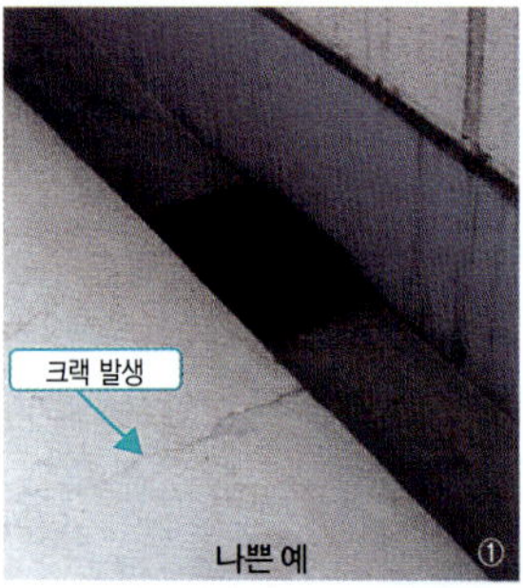

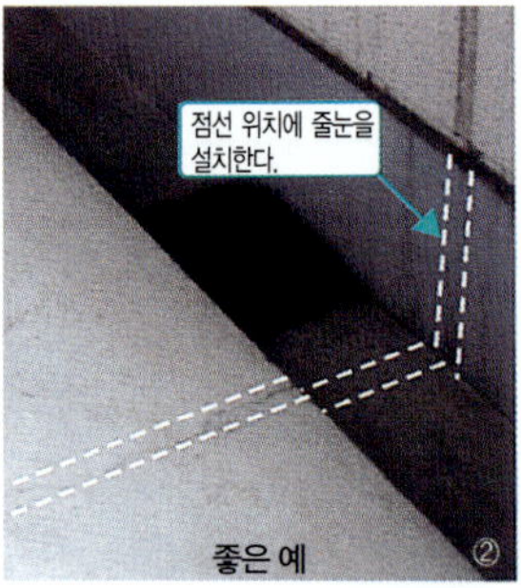

현상

준공한 지 2년 된 10층짜리 RC조 집합주택으로, 공용복도 및 발코니 하프 PC판의 조인트 부분에서 아래층으로 누수되었다.
각층의 바닥은 콘크리트를 직접 누른 상태로 마감되어 있었다.

원인

발코니 · 복도의 상부 타설 콘크리트의 하프 PC판 조인트 부분에 줄눈이 설치되어 있지 않았기 때문에 크랙이 생겼고 물이 침입하여 아래층으로 누수된 것으로 여겨진다. 또한 배수구는 우레탄 도막방수를 시공했지만 줄눈이 없었기 때문에 크랙을 따르지 못하고 파단되어 있었다.

해결

상부 콘크리트의 크랙을 U형으로 자르고 실링을 충전했다. 또한 배수구 부분도 같은 처치를 한 다음 우레탄 도막방수시공을 했다.

대 책

1. 발코니 · 공용복도의 하프PC판 마무리

하프PC의 조인트 위치에서 상부 현장치기 콘크리트의 상단에 유발줄눈을 설치하고 실링을 시공한다.

2. 배수구의 마무리

배수구는 하프PC의 조인트 상단에 실링을 시공한다. 또한 구배조정 모르타르를 시공하는데, 이때에도 PC조인트 위치에는 줄눈을 설치하며 실링을 시공한다. 또한 필요에 따라 우레탄 도막방수를 시공한다.

주) 최근에는 대부분의 건물에서 이 부분에 우레탄도막방수설계가 이루어지고 있다.

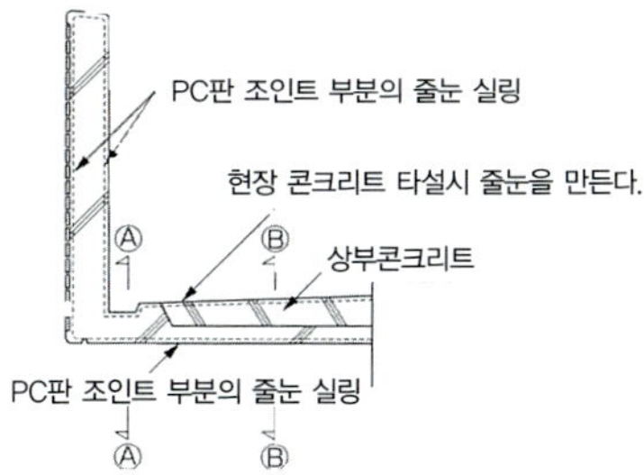

발코니 복도의 하프 PC판 단면도

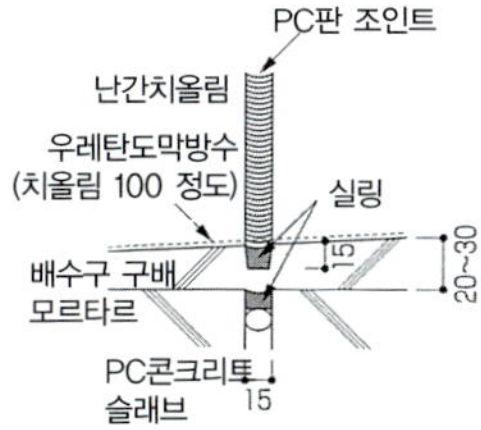

하프 PC 배수구 조인트 단면도(A-A)

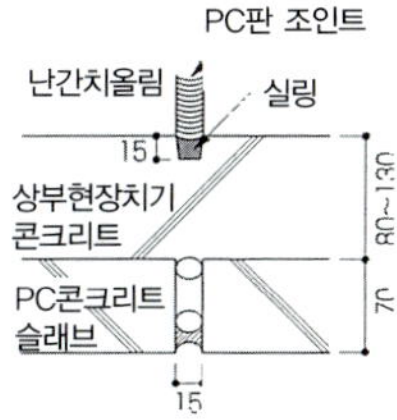

하프 PC 일반부 조인트 단면도(B-B)

체 크

대책 1 ☞
사례 2
사례 25
대책 2 ☞
사례 6
사례 14
사례 15

❖ 품질관리 포인트

☞ PC의 제작 정도와 현장부착 정도를 관리하여 소정의 조인트 치수를 확보하고 실링 단면을 잡을 수 있도록 할 것

☞ 배수구는 빗물과 공조 드레인의 배수가 집중하는 부분이므로 꼼꼼히 시공할 것

☞ 기존 콘크리트와 PC판과의 접합은 반드시 줄눈을 설치할 것

8 밴드캡의 누수

사례 8 밴드캡의 실링 끊김과 마무리 불량으로 인한 누수

처치 전 웨저 커버가 없기 때문에 강풍을 동반한 우천시 빗물이 침입한다.

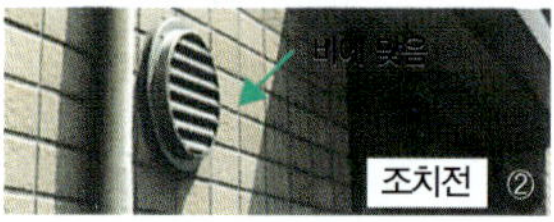

처치 후 심형 밴드캡으로 교체했다.

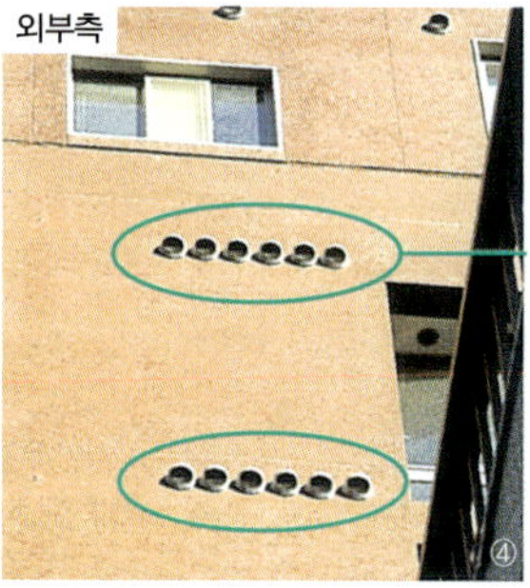

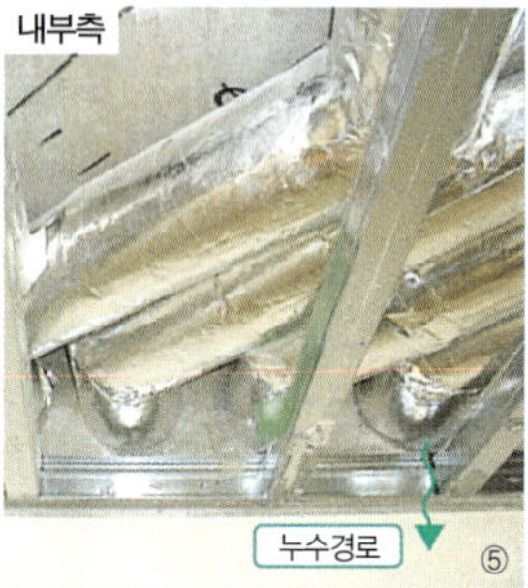

현 상

사진 ① : 준공한 지 3년 된 8층짜리 RC조 집합주택으로, 외벽 밴드캡의 관통부에서 빗물이 침입하여 거실 천장에서 누수가 발생했다. 설치장소는 비에 직접 맞는 곳이었다.
사진 ④, ⑤ : 준공한 지 1년 된 6층짜리 RC조 사무실 빌딩으로, 병렬로 된 외벽 밴드캡 접합부분에서 빗물이 침입했다.

원 인

사진 ① : 밴드캡 주위의 실링 단면이 얇고 단열되어 있었으며, 구체 관통슬리브 구배가 실내쪽으로 향해 있었다.
사진 ④, ⑤ : 관통 슬리브 간격이 적기 때문에 외벽 크랙에서 빗물이 침입된 것으로 여겨진다.

해 결

사진 ① : 구체와 관통슬리브의 접합에 1차 실링, 슬리브 내에 물푸기, 밴드캡 주위는 2차 실링을 했다.
사진 ④, ⑤ : 곤돌라작업에 의해 외부 밴드캡 상부에 연장 덮개를 설치했다.

대 책

1. 설비배관의 누수를 막는 설계단계에서의 대책

① 배관은 외벽 관통을 피해 실내 샤프트를 만들어 통과하는 계획으로 한다.
② 취기의 영향이 없는 슬리브는 가급적 처마나 발코니 등의 비에 직접 맞지 않는 곳에 설치한다.
③ 비에 맞는 곳은 심형 밴드캡을 사용한다(비의 각도에 45도가 되는 발코니 설치도 동일).

2. 설비배관의 누수를 막는 시공단계에서의 대책

① 구체관통 슬리브 타입시에는 역구배가 되지 않도록 주의하고 콘크리트 타설 전, 타설 후에 확인을 하며, 필요시 지수판을 부착한다.
② 연속된 덕트는 1/100 이상의 구배를 확보한다. 또한 욕실 덕트는 1/50 이상이 되도록 구배를 잡고, 덕트 내부의 결로수가 덕트 연결 부위에서 새지 않도록 주의하여 시공한다.
③ 밴드캡과 외장마감의 접합은 실링의 필요단면을 확보하여 시공한다.
④ 실링재는 폴리설파이드계를 사용하며, 외벽의 오염 방지를 위해 실리콘계는 사용하지 않는다.
⑤ 슬리브 간격은 가급적 넓게 잡는다(기둥간격치수 150mm 이상, 실링 시공을 위한 배관간격을 고려한다).

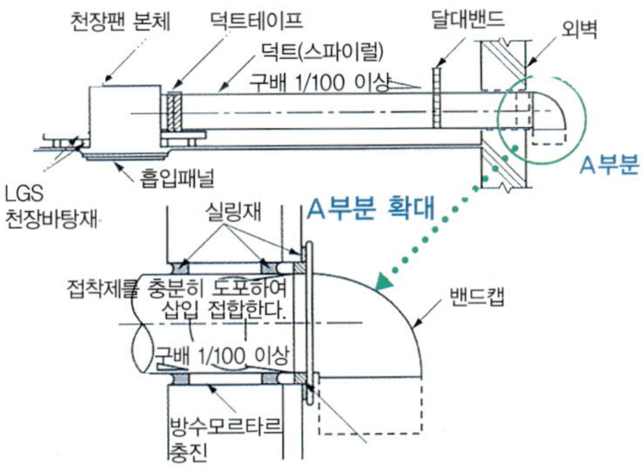

외벽 부착 밴드캡[5)]

체 크

대책 2 ☞
사례 2
사례 25
사례 45

❖ 품질관리 포인트

☞ 건축시공도와 설비시공도를 조합시켜 콘크리트 타설 전까지는 배관경로를 정하며, 적절한 배관간격을 확보할 것
☞ 배관설치 작업원에게는 관통부분의 지수마무리를 숙지한 후에 시공하도록 지시할 것
☞ 실링은 전문업자에게 의뢰하며, 전문기능을 가진 작업원에 의해 시공할 것

누수대책 - 외벽

9 설비배관의 누수

사례 9 급배수관의 구체관통부 누수

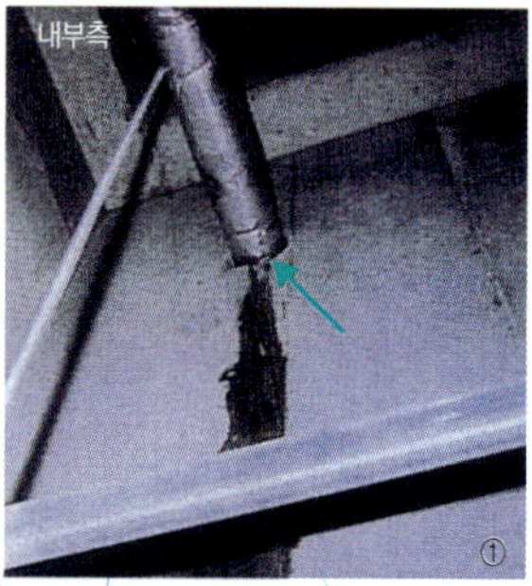

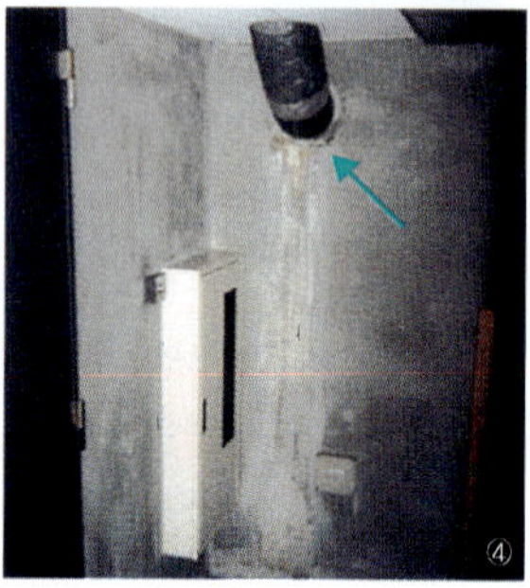

현 상

사진 ①, ② : 준공한 지 5개월 된 8층짜리 RC조 집합주택으로, 엔트런스 홀 천장 내의 외벽을 관통하고 있는 급수관에서 빗물이 침입하여 천장에서 누수가 발생했다.
사진 ③, ④ : 준공한 지 3년 된 6층짜리 RC조 사무실 빌딩의 지하기계실로, 지하벽 관통 배수관에서 실내로 누수가 발생했다.

원 인

사진 ①, ② : 외벽 접합의 실링 단면이 확보되어 있지 않았다. 또한 1차 실링만 되어 있고 2중 지수조치가 되어 있지 않았다.
사진 ③, ④ : 사진 ①과 같은 원인이며, 배관 주위의 채움 모르타르가 충진 부족이었다.

해 결

사진 ①, ② : 실링 재시공(2중 실링)
사진 ③, ④ : 외부측에서 굴삭하여 배관이 보이도록 하고 실링 시공을 한 후 시멘트계 도포방수를 했다.

대 책

1. 개별 강관슬리브의 부착

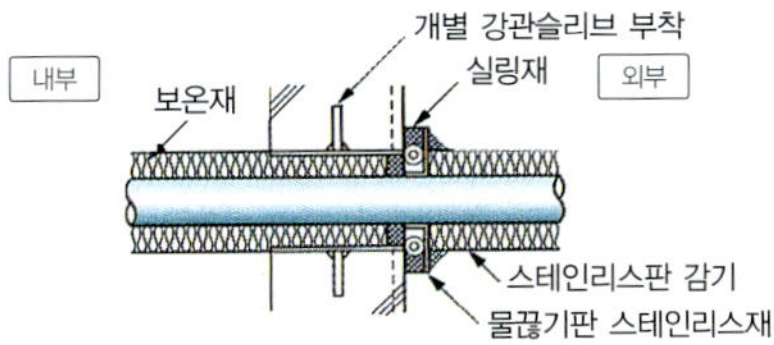

개별 강관슬리브 부착 마무리 예

2. 일반 슬리브

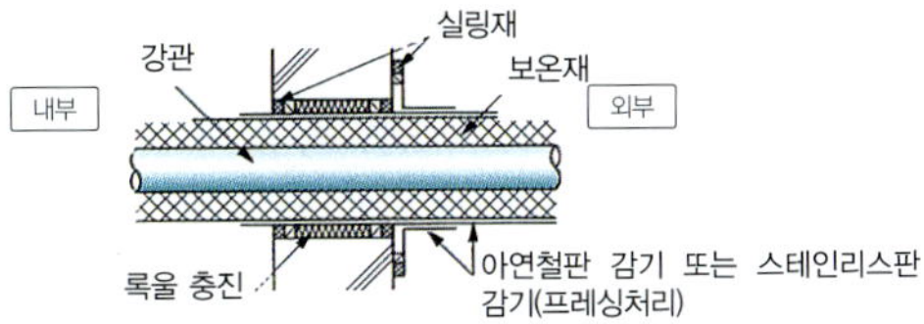

일반 슬리브의 보온이 필요한 마무리 예

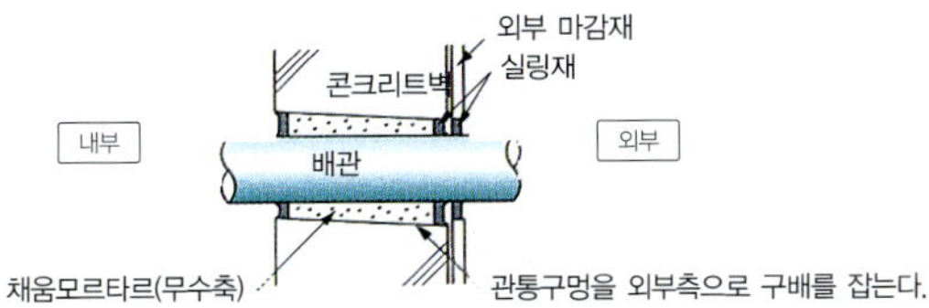

일반 슬리브의 보온이 필요 없는 마무리 예

3. 누수를 유발하는 기타 설비배관에 관한 시공상의 주의점

전기배관류를 비에 직접 맞는 외벽에 타입하는 것은 절대금물이다. 그러나 건물의 기능상 어쩔 수 없는 경우는 다음 사항에 주의한다.

① 배관류는 철근 사이에 넣고 콘크리트의 피복두께를 확보하며 크랙 발생 요인을 만들지 말 것

② 배관류에 대한 피복두께 및 배관류 간의 간격치수는 30mm 이상으로 한다.

③ 반(盤)류를 매립할 경우는 그 주위를 개구부 보강방법에 준하여 보강한다.

체 크

대책 1 ☞
사례 2
대책 2 ☞
사례 2
사례 8
사례 25

❖ 품질관리 포인트

☞ 빗물이 유입될 우려가 있는 콘크리트 관통부는 개별 강관슬리브 부착을 사용하여 그 안에 배관을 통과시키고 주위에 지수조치를 할 것

☞ 채움 모르타르는 무수축 재료를 사용하여 꼼꼼히 시공할 것

☞ 관통구멍은 외부에서 물구배를 잡을 것

☞ 지하의 피압부분에는 인입배관을 넣지 않을 것

1 방수층 치올림 부분의 마무리 불량(1)

사례 10 파라펫 방수층의 치올림 치수 부족에 의한 누수

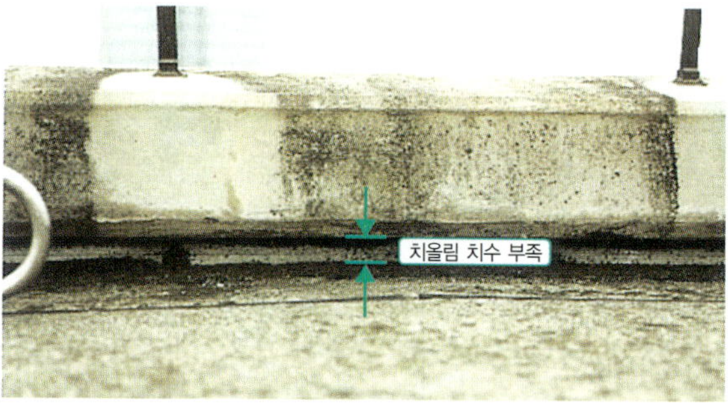

현상

준공한 지 7년 된 10층짜리 RC조 사무실 빌딩으로, 물 위가 되는 파라펫 부분에서 방수층의 치올림 치수가 충분하지 못해 파라펫의 턱 하단과 누름 콘크리트면이 거의 동일한 레벨로 되어 있었다. 그러므로 빗물이 튀어 올라 치올림 단부에서 빗물이 방수층 내에 침입하여 아래층 사무실 천장에 누수가 발생했다(하단 왼쪽 그림 참조).

원인

1. 파라펫의 치올림 치수를 물 아래의 바닥 레벨을 기준으로 정했기 때문에 슬래브의 물구배 관계에서 볼 때 물 위에서는 방수층의 치올림 치수가 부족하게 된 것이다.
2. 치올림 치수가 200mm 이하이며, 턱을 만드는 마무리에서 방수층 치올림부의 말단 부분이 잘 보이지 않아 불완전한 시공이 되기 쉬운 영향도 있었으며, 말단 부분과 조인트 부분에 틈이 생겼다.

해결

사진과 같이 치올림이 전혀 잡혀 있지 않은 경우에는 치올림 누름 콘크리트를 배수 드레인까지 구상(溝狀)으로 철거하고 방수층 보수 후에도 누름 콘크리트를 시공하지 말고 모르타르 도장을 하여 작은수로로 빗물을 드레인으로 유도함으로써 치올림 치수 부족을 보완했다.

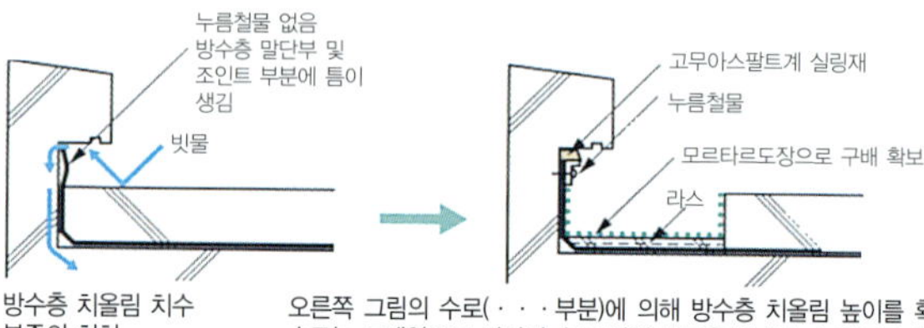

방수층 치올림 치수 부족의 처치

오른쪽 그림의 수로(···부분)에 의해 방수층 치올림 높이를 확보하며, 수로는 드레인으로 이어져 수로 안의 빗물을 배수할 수 있도록 했다.

대 책

1. 파라펫의 지하형상과 치수

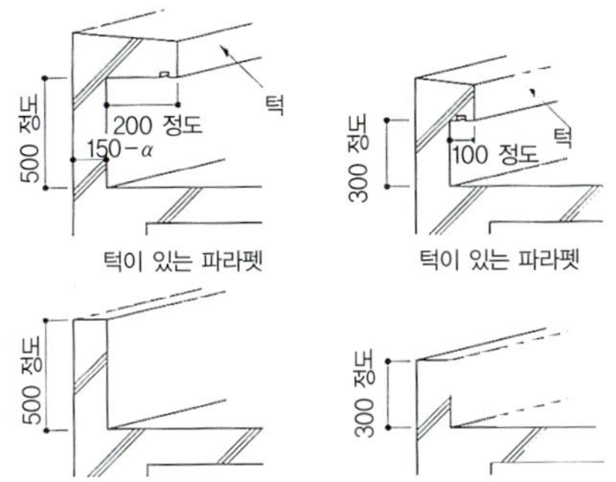

턱이 있는 파라펫 / 턱이 있는 파라펫

턱이 없는 파라펫
콘크리트 등으로 보호하는 경우

턱이 없는 파라펫
노출방수인 경우

파라펫의 지하 형상과 치수(mm)[6]

2. 옥상녹화 방수층의 마무리

옥상녹화로 토양이 방수층 치올림부에 접하는 마무리에서는 토양 상단에서 150mm 이상 방수층을 치올리도록 구체치수를 정한다. 치올림 말단부는 누름철물로 고정하고, 고무아스팔트계 실링재로 처리하여 빗물이 침입하지 않도록 마무리한다.

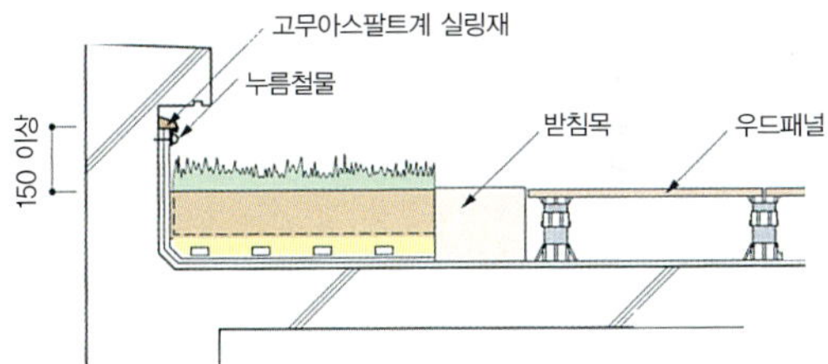

옥상녹화에서의 아스팔트 방수 마무리

체 크

대책 1 ☞
사례 11
대책 2 ☞
사례 44

❖ 품질관리 포인트

- ☞ 방수 마무리를 고려하여 구체 형상을 정할 것
- ☞ 방수 치올림부에는 턱 콘크리트를 만들 것
- ☞ 방수 치올림 높이는 물 위의 레벨을 표준으로 할 것
- ☞ 옥탑 주위도 동일 레벨로 턱 콘크리트를 만들 것

2 방수층 치올림 부분의 마무리 불량(2)

사례 11 턱 · 물끊기와 구조체를 설치하지 않아 발생된 누수

현상

준공한 지 5년 된 7층짜리 RC조 사무실 빌딩으로, 옥탑의 치올림 부분에 턱 콘크리트와 구조체 설치를 하지 않고 방수시공이 되어 있었다. 방수층 말단부에는 누름철물과 실링재를 시공했지만 실링의 부착이 불량한 곳에서 방수층 내에 빗물이 침입하여 누수가 발생했다.

원인

누름철물과 실링재만으로는 벽면에서 흘러내리는 빗물의 물끊기를 확실하게 할 수 없다. 따라서 방수층 치올림 말단부의 취약점에서 빗물이 침입된 것이다. 이런 마무리는 준공 당시에는 문제가 없더라도 조기에 누름철물 조인트부와 구조체 사이에 틈이 생겨 빗물이 침입할 위험이 높다고 할 수 있다.

해결

빗물이 스며드는 부분의 방수층을 재시공했다. 그 후 대형 물끊기 철물(내민 치수 40mm, 하단 길이 80mm 정도)을 설치했다.

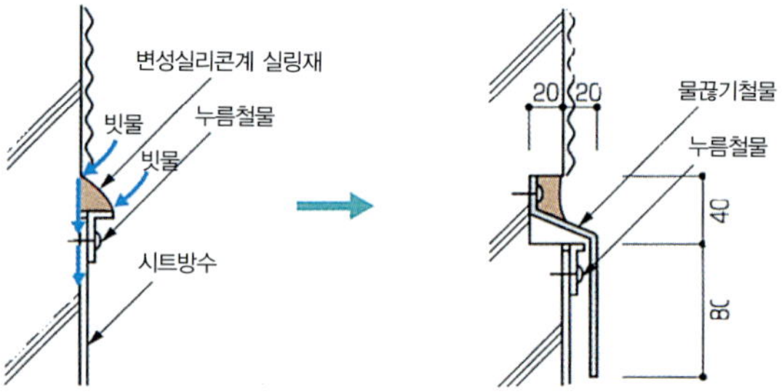

누수현상(왼쪽)과 물끊기 설치 예(오른쪽)

대 책

1. 방수 치올림 부분의 마무리

① 옥탑 등의 외벽 하부 방수 치올림 상단에는 턱 콘크리트를 만들어 벽면으로부터 빗물의 물끊기를 확실하게 하는 마무리로 한다.

② 턱 콘크리트를 설치할 수 없는 경우는 방수시공 부위의 구조체를 20mm 정도 설치한 후 물끊기(내민치수 40mm, 하단 80mm)를 설치한다.

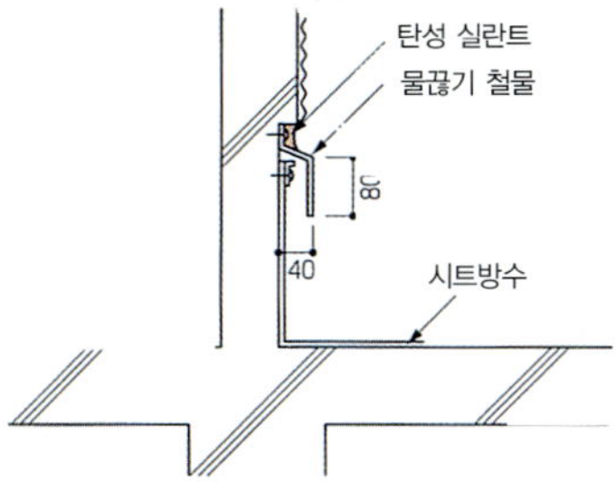

턱이 없는 치올림 부분의 시트방수 마무리 예

2. ALC와 기초

다음 그림은 ALC 패널 외벽의 기초 상단까지 방수층을 치올린 경우인데, 이런 경우에도 마찬가지로 반드시 물끊기를 설치한다.

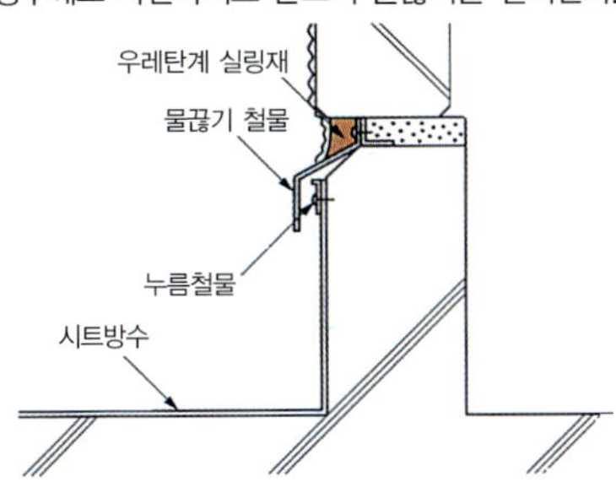

ALC 외벽의 기초 부분에 시트방수를 한 예

체 크

대책 1 ☞ 사례 10

❖ 품질관리 포인트

☞ 방수층 치올림 말단부는 물끊기가 양호한 마무리로 한다. 기본적으로 턱 콘크리트를 만들 것

☞ 턱 콘크리트를 만들 수 없는 경우는 구조체를 설치한 후 물끊기를 설치할 것

☞ 물끊기 형상은 충분한 크기로 할 것

3 누름 콘크리트의 수열에 의한 팽창거동

사례 12 방수층 팽창 부분의 박리에 의한 누수

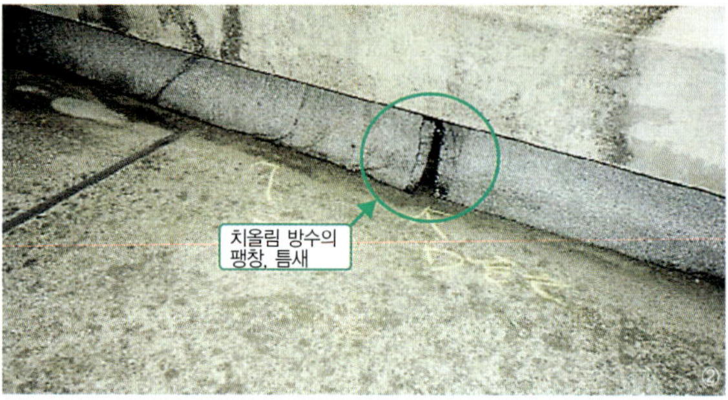

현 상

준공한 지 7년 된 8층짜리 SRC조 대형상업시설로, 최상층 점포의 천장에서 누수가 발생했다. 옥상방수는 아스팔트 방수보호공법이며, 치올림 부분은 노출공법이었다.

원 인

누름콘크리트의 신축줄눈과 방수층 사이에 콘크리트가 들어가 수열 팽창시 누름콘크리트가 치올림 부분에 방수층을 누르면서 팽창이 생긴 것이다(사진 ②). 또한 파라펫도 압출되어 균열이 생기고(사진 ①), 이들 부분으로 빗물이 침입되어 누수가 발생했다.

해 결

파라펫 주변의 누름콘크리트를 철거하고 방수공사를 다시 했다. 누름콘크리트는 타입하지 않고 자갈깔기누름으로 처리하며, 누름콘크리트와 치올림 방수층과의 가장자리를 잘라내어 재발을 방지했다.

대 책

1. 누름콘크리트의 신축줄눈

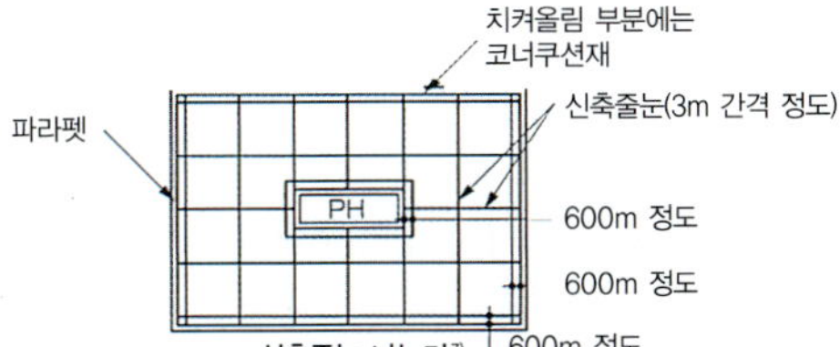

신축줄눈 나누기[7]

외단열 방수의 경우 누름콘크리트의 온도변화가 커지므로 줄눈 간격을 2.5mm 정도로 한다.

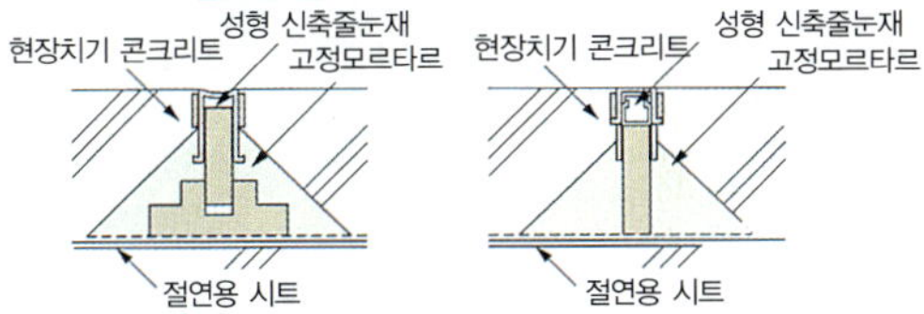

고정모르타르는 500m 정도의 간격으로 고정한다.

신축줄눈의 시공 예[8]

2. 누름콘크리트의 압출에 의한 부적합 사례

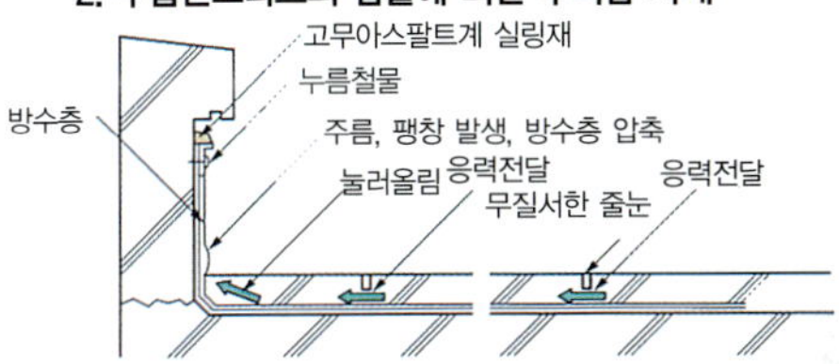

치올림 방수층의 주름, 팽창 및 파라펫의 균열 원인

체 크

대책 2 ☞
사례 10

방수층 치올림 부분에서 300mm 까지를 자갈누름으로 하여, 누름콘크리트의 압출을 방지한 예

❖ 품질관리 포인트

- ☞ 신축줄눈 설치는 줄눈나누기뿐만 아니라 방수층과 신축줄눈에 틈이 생기지 않도록 주의해서 시공할 것
- ☞ 물구배는 구조체 슬래브에서 잡으면 누름콘크리트를 동일 두께로 시공할 수 있기 때문에 높이 고정형 신축줄눈에서도 틈새가 생기지 않고 시공할 수 있다.

4 노출방수에서 물이 고이는 부분의 조기 열화

사례 13 옥상에 설치한 설비기기의 배수에 의한 하층 천장의 누수

현 상

준공한 지 7년 된 5층짜리 S조 공장으로, 옥상에 설치된 설비기기에서 나오는 배수가 노출방수층에 늘 고이게 되어 방수층 조인트 부분이 열화되고 틈이 생긴 결과 하층 천장에 누수가 발생했다.

원 인

방수재는 평상시 습윤한 상황에 있더라도 열화가 촉진되는 일이 별로 없는데, 습윤 · 건조가 반복됨으로써 내구성이 저하된 것이다. 바탕의 물구배는 1/100 정도로 불충분한 상태였으며, 설비기기에서 늘 배수되고 있는 것이 방수층의 열화 원인으로 여겨진다.

해 결

방수층에 생긴 틈새 등의 열화부분은 방수층을 다시 시공했다.
또한 설비기기에서 나오는 배수관을 드레인까지 연장하여 방수층에 직접 배수되지 않도록 했다. 사진 ②는 노출방수층을 보호한 집합주택의 우수 배수관 사례이다.

배수관의 [횡인(橫引)수평방향으로 끌어옴]에 의한 노출방수층의 보호

대 책

1. 노출방수에 의한 물고임 방지

① 물구배 확보

② 설비배관이나 통 등은 드레인까지 배관한다.

2. 물구배 확보

물구배는 구체에서 잡고 누름층의 유무에 따라 다음을 원칙으로 한다.

① 보호방수

아스팔트방수 : 1/100~1/50 정도를 표준으로 한다.

개량아스팔트방수 : 시트의 겹침 부분에서 구배에 따른 물의 흐름을 방해하는 경우가 있으므로 1/75~1/50 정도를 표준으로 한다.

② 노출방수

방수의 종류에 상관없이 1/50~1/20 정도를 표준으로 한다.

노출방수에서는 물 위에서 물 아래로 주구배를 만들 것

③ ALC 기초

ALC 패널 자체의 변형, 크리프를 고려하여 적어도 1/50의 구배를 확보한다.

3. 노출방수층의 열화에 관한 기타 부적합 사례

사진 ③은 빗물의 횡인 드레인에서 처마의 도막방수로 흐르는 배수개소로, 도막방수가 열화손상된 사례이다.

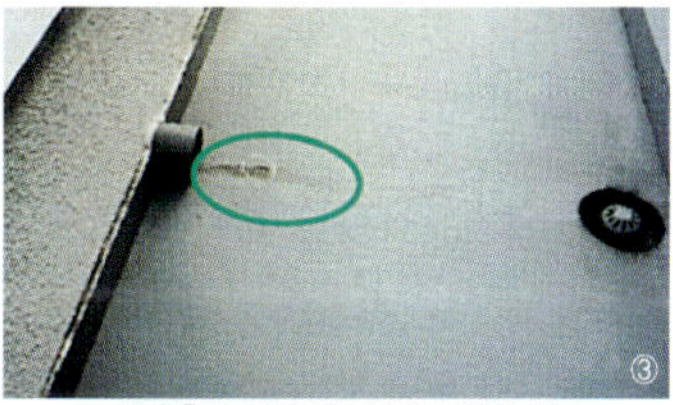

방수층에 직접 배수하여 열화된 예

체 크

대책 2 ☞
사례 10
사례 11
사례 12
사례 14
사례 15
사례 16

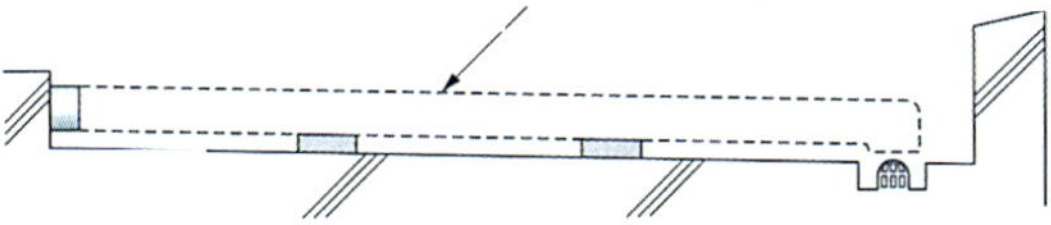

배수관을 드레인까지 연장한 개선 예

❖ 품질관리 포인트

☞ 노출방수에서는 물이 고이는 부분을 만들지 않도록 할 것

☞ 물구배는 구체 단계에서 검토할 것

☞ 노출방수에 배수되지 않도록 할 것. 필요시 배수관을 드레인까지 인입한다.

5 우레탄 도막방수의 막두께 부족

사례 14 우레탄 도막 두께 부족에 의해 조기 열화된 처마에서의 누수

현상

준공한 지 4년 된 7층짜리 RC조 사무실 빌딩으로, 처마부분에서 누수가 발생했다. 처마의 방수는 우레탄 도막방수의 밀착공법이었는데, 박리와 들뜸이 생겨 빗물이 RC기초까지 들어와 균열된 부분으로 침입하여 누수가 된 것이다.

원인

박리와 들뜸이 생긴 부분의 막두께를 확인한 결과, 0.5mm 정도밖에 안 되어 매우 얇은 상태였다. 이렇게 막두께 부분이 얇으면 자외선이나 열에 의한 열화를 받기 쉬우며, 또한 바탕의 거동에도 따르지 못한다. 그러므로 조기에 열화되어 누수에까지 이른 것이다.

해결

부적합 범위가 처마의 반 이상을 넘고 있었기 때문에 전면에 걸쳐 우레탄 도막방수를 다시 시공했다. 이때 막두께는 평지에서 3mm, 치올림 부위에서 2mm를 확보할 수 있는 도막부착량을 사용재료의 경화물 비중에서 구하여 시공 관리했다.

경화물 비중과 막두께 확보에 필요한 사용량[9)] (kg/㎡)

경화물 비중	평 지	치올림
0.9	2.7	1.8
1.0	3.0	2.0
1.1	3.3	2.2
1.2	3.6	2.4
1.3	3.9	2.6
1.4	4.2	2.8
1.5	4.5	3.0
1.6	4.8	3.2
1.7	5.1	3.4
1.8	5.4	3.6

대 책

1. 막두께의 관리

① 도막방수의 경우 막두께 확보가 방수성능을 좌우한다.
② 막두께 계측에 침입식 막두께를 사용하기도 하는데, 이 방법은 자칫 방수층에 손상을 주게 되어 결함으로 이어지기 쉬우므로 피하도록 한다.
③ 막두께 관리는 P.38의 '해결' 항목에 나타낸 표에서 재료비중에 따른 사용량 관리를 원칙으로 한다. 우레탄고무계 방수재의 경화물 비중은 0.9~1.8로 폭이 넓기 때문에 마감 평균두께는 평지에서 3mm, 치올림 부분에서 2mm(치올림)로 한다.

2. 도막방수의 적용 부위

도막방수의 적용[10)]

방지층의 종별		L-UF		L-US		L-AW	L-GU
부 위 \ 보호·마감의 종류	바 탕	마감도장	우레탄포장재	마감도료	우레탄포장재	화장재	보호완충재 콘크리트블록 현장치기 콘크리트
지붕(비보행)	RC	○	○	○	※	–	–
	PCa	○	○	○	※	–	–
	ALC	–	–	○	※	–	–
지붕(경보행)	RC	–	○	–	○	–	–
	PCa	–	○	–	○	–	–
	ALC	–	–	–	–	–	–
지붕(운동장)	RC	–	○	–	○	–	–
	PCa	–	○	–	○	–	–
차 양	RC	○	※	○	※	–	–
	PCa	○	※	○	※	–	–
개방복도 베란다	RC	–	○	–	○	–	–
	PCa	–	○	–	○	–	–
외 벽	RC	–	–	–	–	○	–
	PCa	–	–	–	–	○	–
	ALC	–	–	–	–	○	–
지하외벽 외부	RC	–	–	–	–	–	○
실내(화장실, 기계실 등)	RC	○	※	○	※	–	–

범례) ○ : 적용가능 / – : 적용외 / ※ : 적용 가능하지만 일반적이지 않은 경우
L : 도막방수량(Liquid)
U : 우레탄(Urethane)
A : 아크릴고무(Acrylic rubber)
G : 고무아스팔트(Gum)
S : 바탕에 부분적으로 접착시키는 방수층(Spot bonded)
W : 외벽용 방수층(Wall)
U : 지하외벽용 방수층(Underground)
F : 바탕에 전면 접착시키는 방수층(Fully bonded)

체 크

대책 1 ☞ 사례 15
대책 2 ☞ 사례 15

❖ 품질관리 포인트

☞ 도막방수는 막두께 관리를 충분히 할 것
☞ 평균 막두께는 우레탄고무계인 경우 평지 3mm, 치올림 부위 2mm, 아크릴고무계 외벽방수재인 경우 1mm, 고무아스팔트계 바탕 외벽 방수재인 경우 4mm를 확보할 것
☞ 평균 막두께의 관리는 비중에서 막이 완성된 후의 막두께를 필요 사용량으로 환산한 사용량 관리에 의할 것

6 우레탄 도막방수층의 팽창

사례 15 우레탄 도막방수층의 팽창 부분 손상에 의한 누수

현 상

준공한 지 3년 된 6층짜리 RC조 사무실 빌딩으로, 우레탄 도막방수층에 팽창이 생겼다. 이후 팽창된 부분이 조해(鳥害)에 의해 손상되어 하층 천장에 누수가 발생했다.

원 인

이 건물의 방수공법은 우레탄 도막방수의 밀착공법이었다. 슬래브 거푸집이 강제 플랫데크였기 때문에 슬래브 하면의 건조를 거의 기대할 수 없으며, 방수시공시에도 건조가 불충분했던 것으로 여겨진다. 이 바탕의 건조 불량에 의해 팽창이 생겼다. 팽창만으로는 누수가 발생하지 않지만 팽창된 부분이 쉽게 손상된 것이 영향을 미쳤다.

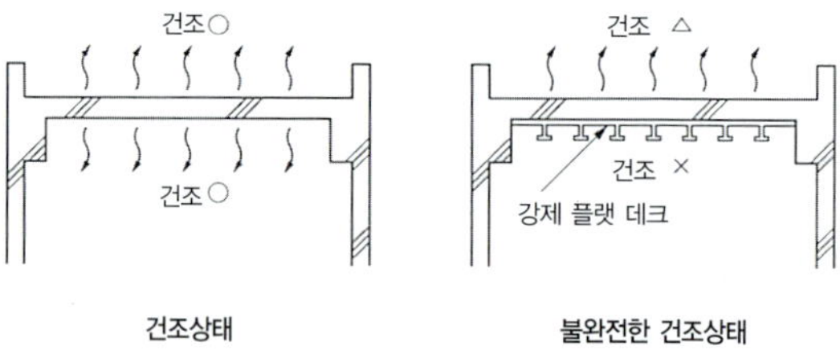

해 결

경미한 경우는 팽창개소의 도막방수층을 제거하고 보강포로 보강붙임을 한 다음 재시공했다. 팽창된 부분의 방수층은 밀착부분보다 온도변화가 커져 내구성이 저하되거나 한랭지에서는 동결에 의한 열화도 걱정되기 때문에 광범위하게 재발이 예측되는 경우 협의에 의해 탈기공법(p.41 '대책 1,2' 참조)을 고려한 보수도 검토할 필요가 있다.

대 책

1. 노출방수밀착공법

바탕의 건조가 불충분한 상태에서는 프라이머의 부착이 나쁘고, 방수층 시공 후 벗겨지기 쉬운 곳이 생기며 이후 팽창으로 발전한다. 노출방수에서는 절연공법으로 탈기장치를 만들면 팽창을 거의 방지할 수 있다.

다음과 같은 구성의 바탕에서는 건조가 지연되기 때문에 특히 주의가 필요하다.

① 데크플레이트 등에 현장치기 콘크리트를 타설한 바탕(한쪽면만 건조가 되기 때문에)

② 현장치기 콘크리트의 하단에 단열재를 타입한 내단열공법의 바탕(한쪽면만 건조되기 때문에)

③ 흡수성이 큰 골재(경량골재 · 펄라이트 등)를 사용한 콘크리트 또는 모르타르를 시공한 바탕(골재에 포함된 수분의 건조가 늦기 때문에)

④ 재료의 흡수성이 크고 건조에 시일이 걸리는 바탕(예를 들면 장시간 비를 맞은 ALC 등).

2. 탈기장치

탈기장치의 종류와 개요[11)]

형 식	형	재질	설치간격	비고
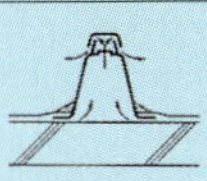	평지부 탈기형	폴리에틸렌 ABS수지 스테인리스강 주철	방수층 평지 25~100㎡에 1개 정도	방수면적이 큰 경우 등 필요에 따라 치올림부 탈기형 장치를 병용할 수도 있다.
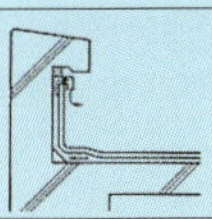	치올림부 탈기형	합성고무 염화비닐 스테인리스강 동	방수층 치올림부 길이 10m 간격에 1개 정도	방수면적이 큰 경우 등 필요에 따라 평지부 탈기형 장치를 병용할 수도 있다.

3. 바탕의 건조상태 확인 방법

체 크

대책 1 ☞ 사례 14
대책 2 ☞ 사례 14
대책 3 ☞ 사례 14

① 1m각 정도의 투명 비닐시트 주위를 테이프로 바탕에 붙이고, 만 하루가 지난 후 결로수의 유무로 판단한다.

② 고주파 수분계에 의해 바탕의 함수율을 측정하는 방법(8% 정도 이하가 기준)

③ 바탕콘크리트 타설 후의 경과일수에 의한 방법

④ 육안으로 봤을 때 얼룩 없이 잘 건조된 상태인지 확인한다. *③과 ④는 병용할 것

❖ 품질관리 포인트

☞ 노출 밀착공법에서는 바탕의 건조기간을 확보할 수 있는 공정인지 미리 확인할 것(장마기간 등의 시공시기 확인도 포함)

☞ 한쪽면만 건조되어 건조가 불충분해지는 바탕구성에는 노출 방수밀착공법으로 시공하지 말고 탈기장치부착 절연공법을 택할 것

7 배수 드레인 설치 불량에 의한 누수

사례 16 배수 드레인의 설치 위치 불량에 의한 누수

현 상

준공한 지 5년 된 10층짜리 RC조 집합주택으로, 옥상배수드레인 주위의 방수층에 결함이 있어 드레인 주위에서 누수가 발생했다. 또한 드레인 주위의 레벨이 높았기 때문에 드레인 주위에 빗물과 흙이 고였으며 풀과 이끼 · 곰팡이가 번식하여 방수층에 악영향을 미치는 상황이었다.

원 인

배수드레인의 위치를 파라펫에 너무 근접시킨 탓에 배수드레인 주위가 복잡한 방수시공이 되어 정확도가 결여되어 결함부가 발생한 것이다.

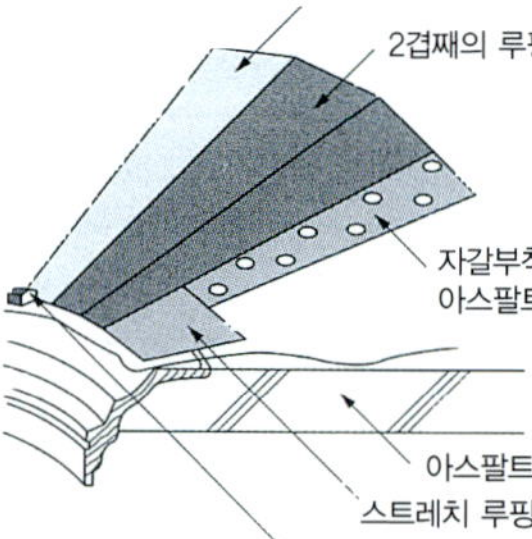

드레인 주위의 복잡한 마무리 예[12)]

해 결

드레인 설치 위치를 변경하는 것은 현실적으로 어려운 일이며, 새로운 결함이 생길 가능성도 있기 때문에 방수를 꼼꼼하게 다시 시공하는 것으로 대응했다.

대 책

1. 배수드레인의 설치위치

드레인은 방수시공에 지장을 주지 않는 위치에 설치한다. 드레인 주위는 방수시공단계에서 폭 200mm 정도의 스트레치 루핑이나 시트류의 늘려 붙임 보강 또는 시트류의 겹침으로 하기 때문에 파라펫의 치올림 부분에 근접하게 설치하지 않는다. 날개판과 치올림과의 간격은 300mm 정도를 확보한다.

루프 드레인 지름과 그 중심에서 외벽면까지의 거리[13)]

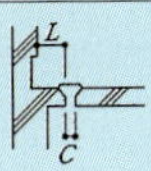	루프 드레인 지름 C mm(in)	80 (3)	100 (4)	125 (5)	150 (6)	200 (8)
	중심거리 L mm	325	350	375	400	425

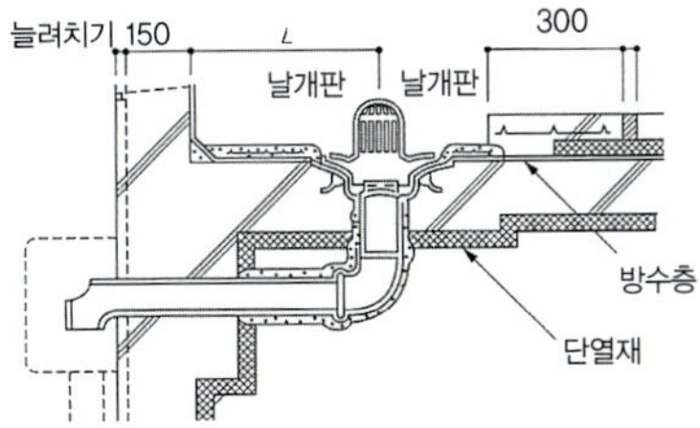

✍ 배수드레인은 미리 방수공사업자와 협의한 다음에 선정한다.

✍ 배수드레인은 콘크리트 타설 전에 거푸집에 고정하여 콘크리트에 타입한다.

수직형 드레인 주위의 마무리(mm)

체 크

대책 1 ☞
사례 10
사례 11
사례 12
사례 13
사례 14
사례 15
대책 3 ☞
사례 10
사례 11
사례 12
사례 13
사례 14
사례 15

2. ALC인 경우의 배수드레인 설치

ALC 전용 드레인을 사용하여 ALC가 철근에 닿는 경우에는 철근을 절단하면서 관통구멍 가공을 하여 드레인 침을 매입하기 위한 가공을 함과 동시에 드레인을 고정한 다음에 방수공사를 한다.

3. 배수드레인 설치 레벨의 주의사항

설치시에는 개별 드레인의 상단 레벨을 주변 콘크리트 상단보다 약 3~5cm 정도 낮게 하고, 콘크리트 타설시 상단 고르기에서는 반경 60cm 전후를 드레인을 향해 비스듬히 설치한다. 드레인의 레벨이 높으면 주변에 토사가 고이기 쉬워진다.

❖ 품질관리 포인트

- ☞ 드레인은 적절한 형상의 것을 선정할 것
- ☞ 드레인은 구조체에 타입할 것
- ☞ 드레인 주위의 레벨은 주변 콘크리트 상단보다 낮게 할 것
- ☞ 드레인은 방수 치올림을 하므로 적절한 거리를 두고 설치할 것
- ☞ 드레인은 작은 면적의 지붕 외에는 반드시 2곳 이상 설치할 것

4장 박리 · 박락대책 – 외장타일

1 붙임모르타르의 바름두께 부족(1)

사례 17 압착붙임에 의한 외장타일의 일부 박락

현 상

준공한 지 7년 된 7층짜리 RC조 집합주택으로, 외장타일이 곳곳에서 박리되고 일부는 박락되었다. 이들 타일의 뒷면에는 모르타르의 부착이 거의 없었다.

원 인

1. 거푸집의 정확도가 양호하여 개량압착붙임공법을 압착붙임으로 변경했다.
2. 붙임모르타르의 바름두께가 3mm 정도였기 때문에 바름두께 부족으로 인해 바탕모르타르에 흡수되어 경화불량을 일으켰다.
3. 압착시 다져넣기 부족으로 인해 줄눈부에 붙임모르타르가 부풀어 오르지 않았던 것도 원인 중 하나로 여겨진다.
4. 타일뒷발의 형상도 나빴다.

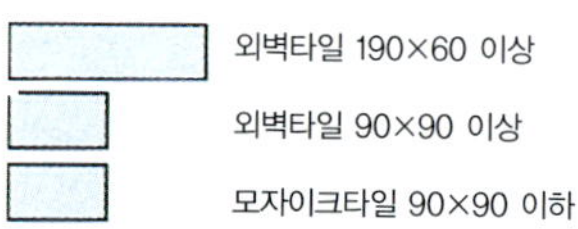

타일의 크기별 분류(mm)

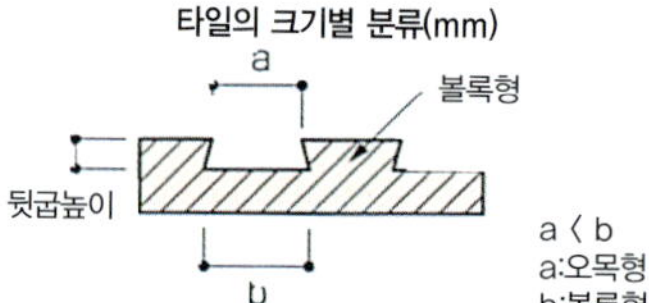

뒷발의 높이와 타일뒷굽

해 결

다른 벽면 모두에 비계를 대고 펄 해머로 두드려서 들떠 있는 범위를 커터로 떼어냈다. 바탕면의 오염은 물로 씻어내고 경화불량 부분은 확실하게 보수하여 타일을 새로 붙였다.

대 책

1. 모르타르의 조합 — 물이 너무 많이 들어가지 않도록 주의!

모르타르의 조합[14]

용적비

공 법		시멘트	세골재	혼화제
개량압착붙임		1	2.0~3.5	적정량
개량적재붙임	외장	1	2.0~3.0	적정량
	내장	1	4.0~5.0	적정량
밀착붙임		1	1.0~2.0	적정량
모자이크타일붙임		1	0.2~1.0	적정량
마스크붙임		1	0.5~1.0	적정량

2. 바탕처리

바탕 모르타르의 청소와 물축임을 철저히 한다.

3. 타일의 형상

타일의 형상은 좌우대칭으로 한다.

4. 개량압착붙임공법

부착용 모르타르를 바탕면에 바르고 모르타르가 굳기 전에 타일 뒷면에 같은 모르타르를 발라 타일을 붙이는 공법

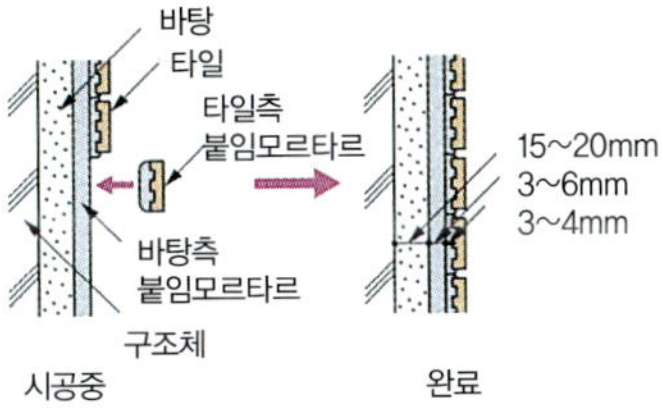

계량압착붙임공법

체 크

대책 1 ☞ 사례 18
대책 4 ☞ 사례 18

5. 압착붙임 시공상의 주의점

붙임모르타르가 타일 주변으로 삐져나올 때까지 타일을 눌러준다.

❖ 품질관리 포인트

☞ 압착붙임은 작업성은 좋지만 두드려넣기가 부족해지기 쉬우며, 바탕의 불균일로 인해 붙임모르타르가 얇아지는 곳은 특히 타일의 파고듦이 나빠지므로 개량압착붙임이나 밀착붙임으로 한다.

☞ 끝처리 타일 이상의 치수인 것은 붙임모르타르의 바름두께가 개량압착붙임인 경우 바탕면 쪽에 3~6mm, 타일면 쪽에 3~4mm, 밀착붙임인 경우 바탕면에 5~8mm 확보할 것.

2 붙임모르타르의 바름두께 부족(2)

사례 18 외벽의 깊은 줄눈마감에 의한 띠장타일의 박락

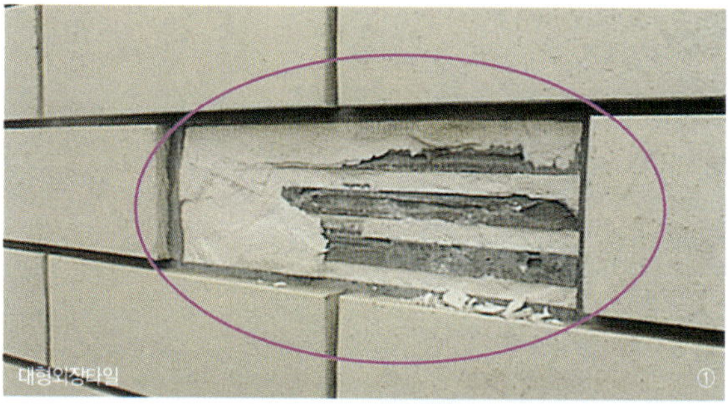
대형외장타일 ①

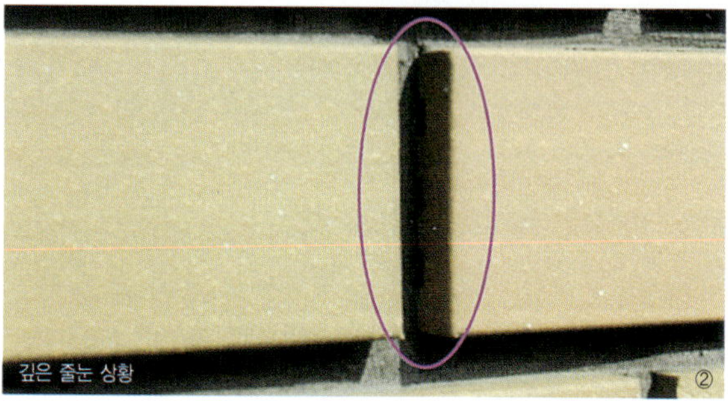
깊은 줄눈 상황 ②

현 상 준공한 지 6년 된 6층짜리 RC조 병원으로, 밀착붙임공법의 외벽 대형 타일이 일부 박락되었다(사진 ①). 또한 타일이 들떠 있는 곳도 다수 있어 매우 위험한 상태이다. 줄눈은 깊은 줄눈 마감으로 되어 있다.

원 인 사진 ①, ② 모두 깊은 줄눈 마감으로 지시되어 있었기 때문에 붙임모르타르가 줄눈에 삐져나오는 것을 피하기 위해 붙임 두께만큼만 얇게 발라 타일을 붙인 결과 타일과 모르타르가 융합되지 못한 것으로 여겨진다.

해 결 사진 ①, ② 모두 벽면 전체에 비계를 설치하여 그 밖에 부적합한 곳이 없는지 외장타일을 두드려서 그 소리에 의해 박리 · 들뜸의 유무를 확인했다. 부적합한 곳은 타일을 다시 붙였다. 깊은 줄눈부에는 줄눈에 의한 구속을 보완하기 위해 줄눈재를 채웠다.

대 책

1. 밀착붙임공법

붙임용 모르타르를 바탕면에 바르고 모르타르가 굳기 전에 타일 뒷면에 같은 모르타르를 발라 타일을 붙이는 공법

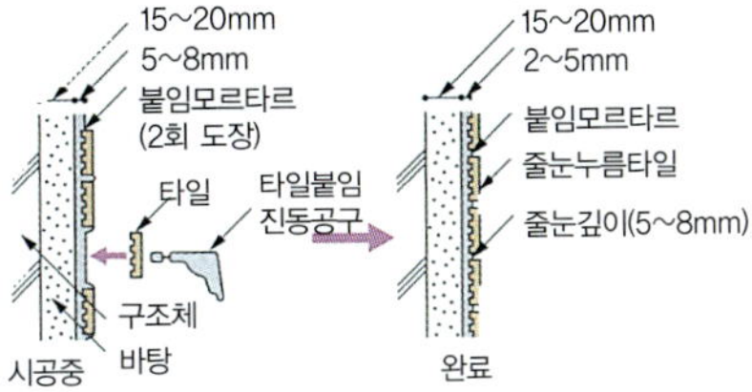

밀착붙임공법

2. 깊은 줄눈마감 금지

타일붙임 시공실험에서 붙임모르타르가 줄눈으로 부풀어 오르는 양이 클수록 타일과의 융합이 좋아지고 접착성을 향상시키는 결과가 되므로 무의미하게 깊은 줄눈마감으로 하는 것은 피하는 것이 좋다.

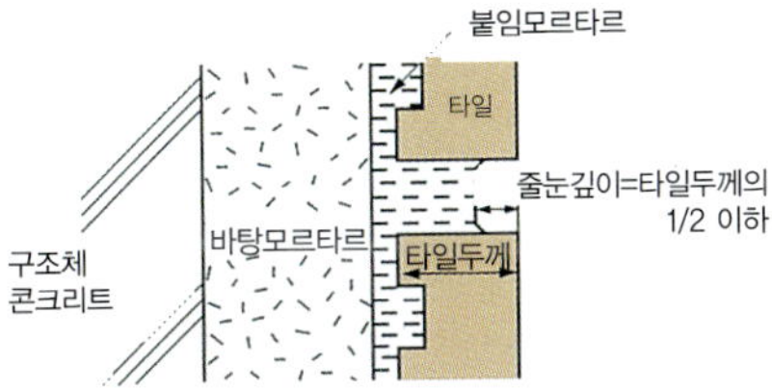

밀착붙임공법의 줄눈깊이

3. 깊은 줄눈마감으로 할 경우의 응력

깊은 줄눈마감으로 모르타르를 충진하지 않을 경우는 빗물이 침입하기 쉽다. 또한 타일 뒷면에서 어긋남이 생기기 쉽고, 그 힘에 저항하지 못해 박리되거나 타일 붙임면(뒷면돌출부분)깊은 줄눈마감인 경우의 응력이 파괴될 가능성이 높아진다.

체 크
대책 1 ☞
사례 17

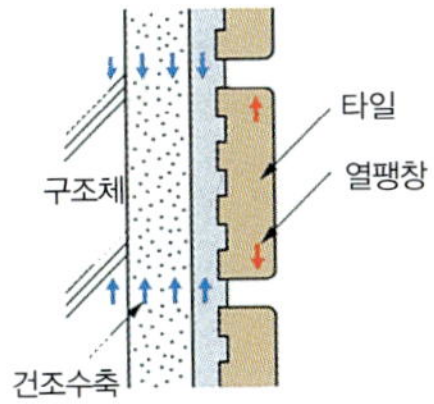

깊은 줄눈마감인 경우의 응력

❖ 품질관리 포인트

☞ 타일 뒷면 요철부에 공극이 있는 경우에도 붙임면이 깨어지거나 박리가 생기는 경우가 있으므로 오전 · 오후 각각 1회 2~3매 타일을 떼어봐서 타일 뒷면의 접착상태(모르타르의 부착상태)를 확인할 것

☞ 밀착붙임인 경우에는 깊은 줄눈 마무리를 피하고 반드시 줄눈 모르타르를 충진할 것

3 줄눈 부근에 있는 타일의 박리 · 박락(1)

사례 19 외장타일이 신축줄눈 부근에서 박락

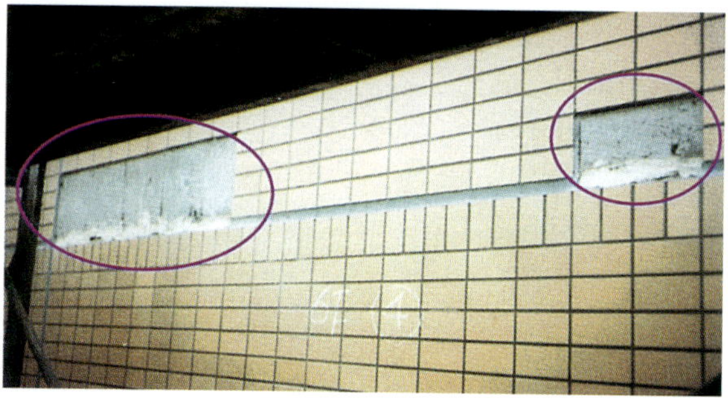

현 상

준공한 지 2년 된 7층짜리 RC조 시민홀의 6층 외벽부분 타일이 신축줄눈 부근에서 박락되었다.

원 인

바탕콘크리트에 수평이어치기줄눈이 들어 있지 않았기 때문에 균열로 인한 신축줄눈이 생기도록 하는 효과가 없었다.

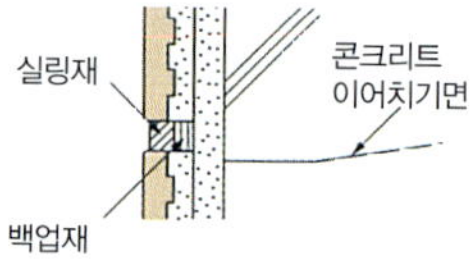

수평줄눈의 경우(나쁜 예)

해 결

외벽 전면에 비계를 설치하여 구체에 수평이어치기줄눈(균열유발줄눈)을 새로 만들어 3면 실링(폴리우레탄 실링)을 타설하고 타일의 신축줄눈과 위치를 일치시켜서 다시 붙였다.

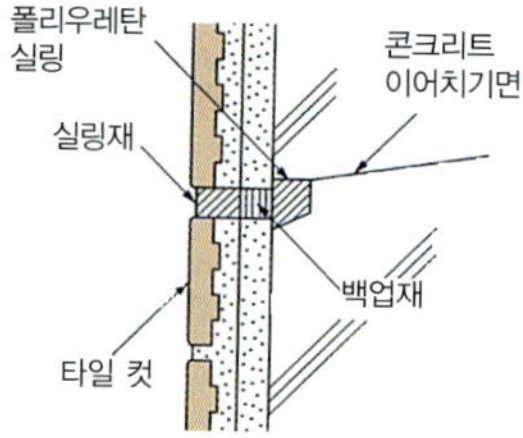

수평줄눈의 경우(보수 후)

대 책

1. 신축줄눈의 위치

타일의 신축줄눈은 구조체의 줄눈에 맞춰서 설치한다.

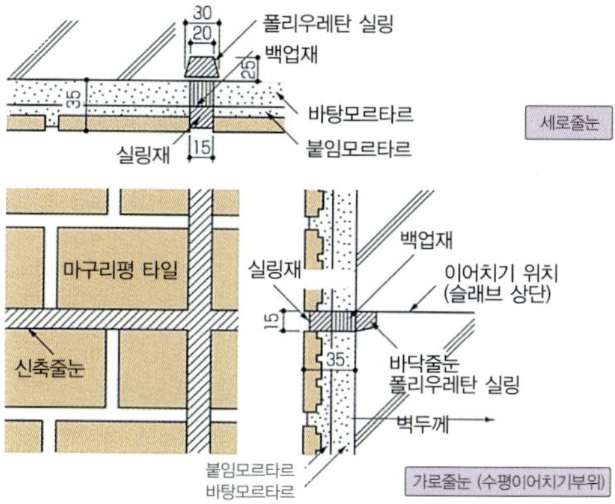

신축줄눈의 마무리(mm)

2. 신축줄눈의 깊이

줄눈의 폭과 깊이는 각각 10mm 이상으로 한다.

3. 신축줄눈의 배치(예)

① 수평

· 각층 수평이어치기면, 5m 이상인 경우에는 중간부분

② 수직

· 기둥 사이

· 개구부 사이

· 무구개벽인 경우 3~4m 간격

· 건물의 접합부(모서리부)

· 블록 모서리에서 0.6m 이하

③ 새시, 기타 마감재와의 접합부

④ 신축줄눈에 둘러싸인 면적은 10㎡ 이내

⑤ 바탕모르타르의 신축줄눈과 같은 위치

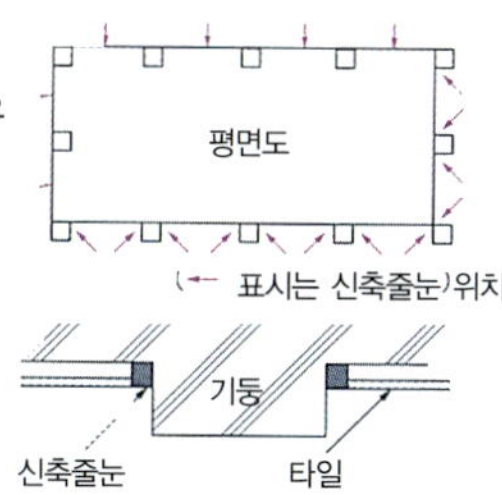

신축줄눈의 평면 위치

체 크

대책 1 ☞
사례 20
대책 2 ☞
사례 20
사례 23
사례 24
사례 25
사례 29
대책 3 ☞
사례 20
사례 23
사례 24
사례 25
사례 29

❖ 품질관리 포인트

☞ 신축줄눈의 위치와 콘크리트 유발줄눈의 위치를 일치시킬 것

☞ 바탕모르타르까지 명확하게 가장자리를 자른 줄눈으로 할 것

☞ 줄눈을 넘는 타일붙임은 하지 말 것(p.51 '대책 1' 참조).

4 줄눈 부근에 있는 타일의 박리 · 박락(2)

사례 20 구조슬릿부에 붙인 타일의 균열

①

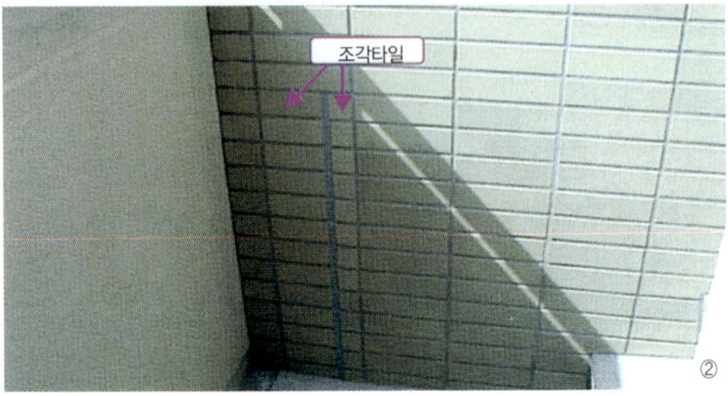

②

현 상

준공한 지 1년 된 13층짜리 SRC조 집합주택으로, 외벽 대형(2장걸이) 타일에 균열이 생겼다. 균열된 타일을 떼어보니 그 아래에는 구조슬릿이 있었다(사진 ①의 → 표시 부분).

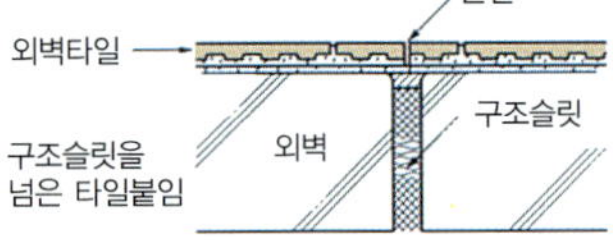

원 인

구조슬릿은 일반줄눈보다 움직임이 크기 때문에 이 같은 타일면의 균열이 발생한 것이다.

해 결

균열이 발생한 외벽면에 비계를 설치하여 균열된 부분의 타일을 떼어내고, 구조슬릿 위치에 맞게 자른 조각타일을 붙여 신축줄눈을 만들었다(p.51 '대책 1' 참조).

대 책

1. 구조슬릿 위에서의 타일붙임 금지

일반 신축줄눈의 단면결손율이 25% 정도인 것에 대해 구조슬릿은 100% 결손(이어져 있지 않음) 줄눈이며, 열이나 건조수축의 영향을 받아 신축줄눈의 몇 배나 폭이 변화된다. 따라서 구조슬릿 위에 타일을 붙이면 깨지는 것은 당연하다.

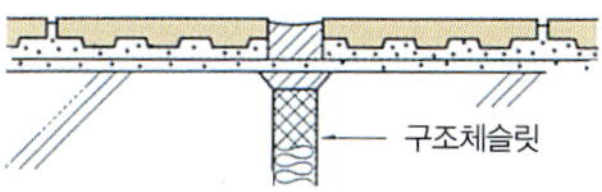

타일의 신축줄눈 위치와 구조슬릿의 위치를 맞춘 타일붙임

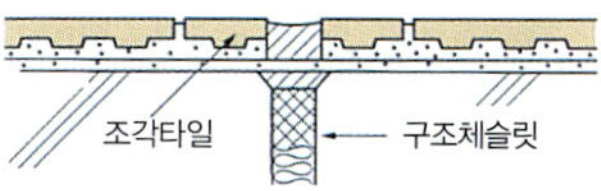

구조슬릿 위치에서 타일붙임이 잘 되지 않는 경우

2. 신축줄눈폭의 불량 예

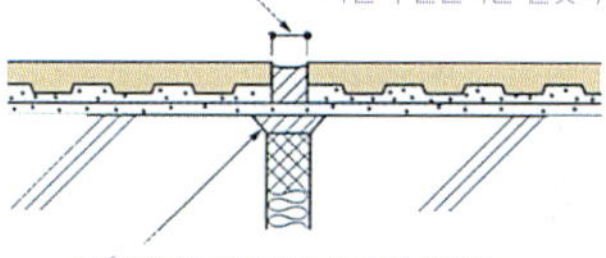

신축줄눈폭이 적정하지 않은 예

체 크

대책 1 ☞
사례 1
대책 2 ☞
사례 19
사례 24
사례 25

❖ 품질관리 포인트

☞ 타일의 신축줄눈 위치와 구조슬릿의 위치를 맞춘 타일 붙임으로 한다.
☞ 타일붙임이 잘 되지 않을 경우에는 조각타일을 넣어 구조체슬릿 위치에 반드시 신축줄눈을 넣는다.

5 방수층 외장타일의 박리

사례 21 외벽 세트백 부위의 타일이 방수층에서 박리

지붕 처마의 볼록 모서리 ①

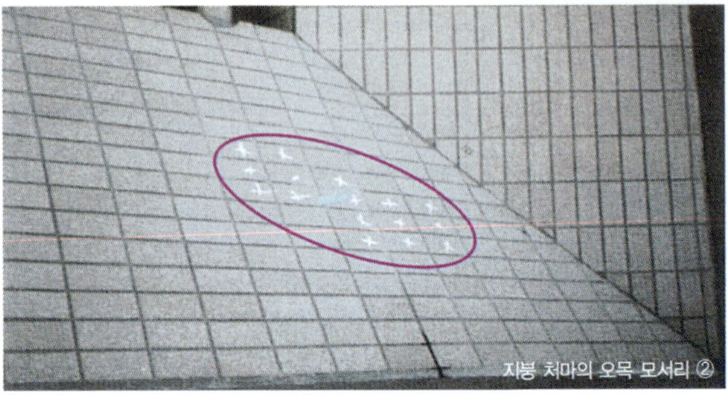
지붕 처마의 오목 모서리 ②

현 상

준공한 지 5년 된 6층짜리 RC조 집합주택으로 2층 부분의 외벽 세트백(경사지붕)의 마구리평 타일이 방수층에서 박리되었다(사진 ①, ②의 ○표시 부분).

원 인

박리상황 및 박리샘플을 분석한 결과, 박리의 직접적인 원인은 아스팔트 방수층의 파단에 의한 것이었다. 즉 아스팔트층의 열에 의한 연화와 바탕모르타르와 타일의 무게에 의한 전단 크리프 변형 또는 시간이 지남에 따른 열화에 의한 것으로 여겨진다.

해 결

구체에 앵커 볼트를 쳐넣고, 와이어 메시를 설치하여 다시 타일을 붙였다.

대 책

1. 앵커볼트 타입

콘크리트구체에 500mm 정도의 간격으로 스테인리스 앵커볼트(ø12)를 타입한다.

2. 방수시공

앵커볼트 주변의 방수는 누수의 위험성이 있으므로 특히 꼼꼼하게 한다.

3. 와이어 메시 부착

결속선으로 앵커볼트에 와이어 메시(2.6mm, @100)를 부착한다. 용접으로 붙일 경우에는 방수층의 양생이 필요하다.

4. 바탕모르타르

일반 모르타르 접합 정도(1 : 3 모르타르)로 타일바탕을 만든다.

5. 바탕모르타르의 양생과 손질

모르타르 시공 후의 양생기간은 2주 이상 잡고, 수축에 의한 균열을 손질한다.

6. 타일 붙임

타일 붙임은 일반적인 방법에 따른다.

7. 줄눈 채우기

줄눈 채우기는 일반적인 방법에 따른다.

체 크

대책 4 ☞ 사례 17
대책 5 ☞ 사례 20
대책 6 ☞ 사례 17, 사례 18, 사례 19
대책 7 ☞ 사례 17, 사례 18, 사례 19

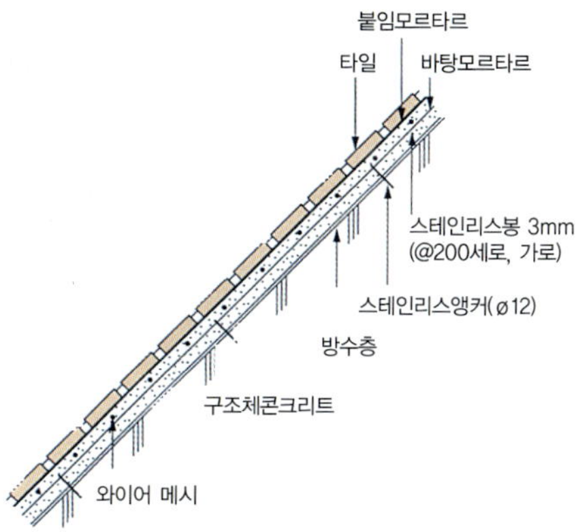

세트백부위의 타일붙임 예

❖ 품질관리 포인트

☞ 외벽 세트뒷면은 비에 젖은 경우가 많고, 오물이 부착되기 쉬우며, 햇볕을 받아 그 열에 의한 신축도 크기 때문에 박리 · 박락의 원인이 되기 쉽다. 가급적 건물 소유자나 발주자, 설계자에게 싱글지붕 등의 공법 변경을 의뢰하는 것이 바람직하다.

박리 · 박락대책 – 외벽도장

1 외벽 우레탄도장의 박리

사례 22 외벽 우레탄도장의 박리

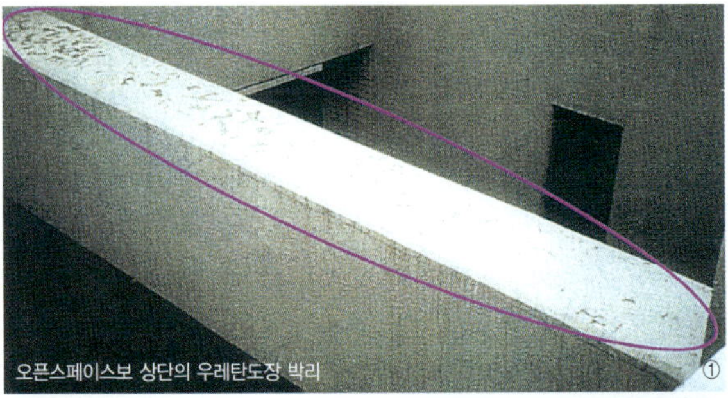

오픈스페이스보 상단의 우레탄도장 박리 ①

바깥복도 난간벽 두겁대의 우레탄도장 박리 ②

현 상

사진 ① : 준공한 지 5년 된 8층짜리 RC조 집합주택으로, 외부 오픈스페이스보 상단의 우레탄도장이 박리되었다.

사진 ② : 준공한 지 1년 된 12층짜리 RC조 집합주택으로, 외부 복도 난간벽 두겁대의 우레탄도장이 박리되었다.

원 인

사진 ①, ② 모두 공기가 짧아 마감공사를 압축시켜서 했으며, 평균 온도가 낮은 2월에 도장공사를 한 탓에 바탕콘크리트의 건조가 충분하지 못한 상태에서 시공한 것이 원인이었다.

해 결

사진 ①, ② 모두 외벽면에 비계를 설치하여 기존 도장을 전체적으로 벗겨낸 후 충분히 청소한 다음, 고주파수분계와 pH미터를 사용하여 함수율 및 알칼리도를 측정하여 우레탄도장을 다시 했다.

대 책

1. 2액형 폴리우레탄 에나멜도장

장기간에 걸친 내후성과 미장성이 요구되는 건축물 외부의 철골, 아연도금을 시공한 철골이나 강제창호 및 콘크리트 외벽 등에 대한 착색도장마감을 하는 경우에 적용한다.

도장사용에는 해안이나 공업지대처럼 심한 부식환경에서 하는 중방식 사용이라는 것과 일반적인 부식환경에서 하는 것이 있는데, 여기서는 후자인 일반적인 부식환경을 전제로 한 것이다.

콘크리트 및 압출성형 시멘트판면의 2액형 폴리우레탄 에나멜도장의 표준공정 간격시간 및 표준 최종양생시간[15)]

도 료				표준공정 간격시간 (기온 20℃인 경우)
규격번호	규격명칭	종류	용도	
JASS 18 M-201	반응형 합성수지 바니시	2액형 에폭시수지 바니시	초벌도장	16시간 이상 7일 이내
JASS 18 M-403	2액형 폴리우레탄에나멜용 겹침도장	-	재벌도장	16시간 이상 7일 이내
JIS K 5656	건축용 폴리우레탄 수지도료	-	마감도장	72시간 이상*

*) 표준최종양생시간을 나타냄

2. 현장치기 콘크리트 기초에 대한 시공적정 재령[16)]

지역분류	타설 후의 양생기간		
	하절기 2주간	동절기 3주간	동절기 4주간
일반지대	4월~10월	11월~3월	-
한랭지대	5월~9월	-	10월~4월

체 크

대책 3 ☞
사례 15
사례 28
사례 50

3. 바탕의 함수율과 알칼리도

콘크리트 모르타르	함수율	8% 이하(고주파수분계)
	수소이온농도	pH 9 이하(pH 미터)

❖ 품질관리 포인트

☞ 외벽면에 도장을 하는 경우 바탕콘크리트면은 평활하게 하고 철근 · 결속선 등의 돌기물, 조골재, 모르타르의 넘침 등은 도장면을 손상시키는 원인이 되므로 완전히 제거하고 바탕을 충분히 건조시킨 다음에 할 것

☞ 폴리우레탄도장에서는 철골면, 아연도금강면, 콘크리트면에서 각각 공정과 재료가 다르기 때문에 사용을 충분히 검토한다.

1 바닥콘크리트의 박리

사례 23 돋움 다짐바닥 콘크리트의 균열과 들뜸

현 상

준공한 지 8년 된 10층짜리(지하 2층) RC조 사무실 빌딩으로, 지하주차장 바닥마감의 돋움 다짐바닥 콘크리트에 디자인상 신축줄눈을 넣지 않고 대신 커터줄눈으로 시공했다. 그 결과 크랙이 발생하기 시작했으며, 부분적으로 콘크리트가 들뜨는 것이 확인되었다. 또한 차로가 T자형으로 교차하는 부분에서는 1스팬에 미치는 정도의 광범위한 들뜸이 발생했다. 한편 커터줄눈의 시공시기는 2월이었다.

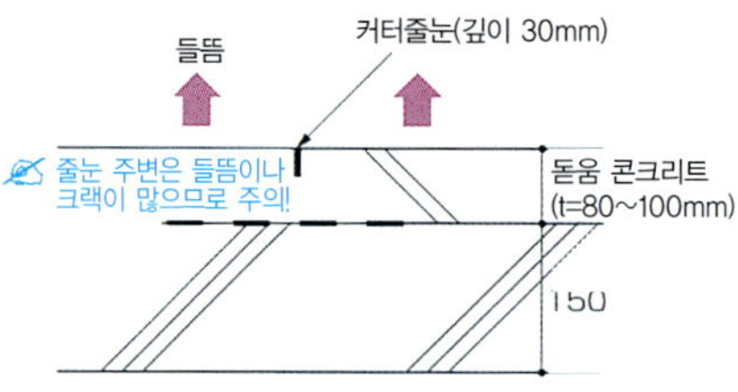

돋움 콘크리트 줄눈의 단면

원 인

신축줄눈을 설치하지 않았고 다짐바닥 콘크리트를 나중치기로 하여 건조수축시 균열이 생긴 것으로 추측된다. 또한 지하주차장 차로의 평면형태가 T자형으로 교차되고 있기 때문에 건조수축이 2방향이 되어 균열과 들뜸이 심해졌다.

해 결

1스팬 정도가 들떠 있는 부분은 돋움 콘크리트를 철거한 후에 신축줄눈을 설치하고 콘크리트를 다시 타설했다. 그 외의 크랙 주변은 부분적으로 들떠 있는 부분에 스테인리스 핀을 삽입한 후 에폭시 수지를 주입했다.

대 책

1. 돋움 다짐바닥 콘크리트에 신축줄눈 설치

① 신축줄눈 설치는 발주자 및 설계자와 협의한 후에 결정한다.
② 신축줄눈의 재료 · 종류와 나누기를 충분히 검토한다.

2. 교차부에 신출줄눈 설치

T자형 등의 교차부분에는 신축줄눈을 확실히 설치하고 건조수축의 방향성 영향을 차단하며, 갈라짐 방지를 위해 와이어 메시근 등으로 보강한다.
이어치기면에서의 단차를 방지하기 위해 이어치기 줄눈은 다음 그림과 같은 방식으로 하는 것이 바람직하다.

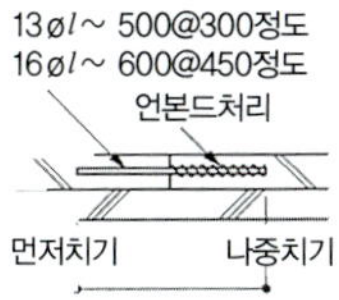

슬립바 형식

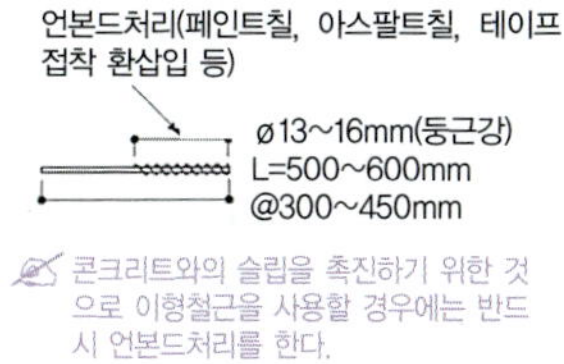

언본드처리

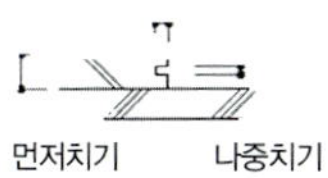

커터방식

3. 커터 줄눈

① 부득이하게 커터줄눈을 시공할 경우에는 시공시기를 검토하고 줄눈 주변에 들뜸을 방지하기 위한 삽입근 앵커(D10 @500)를 타설하며 구조체와 돋움 콘크리트를 일체화한다.
② 커터 자르기의 기준은 하절기에는 콘크리트 타설 후 2일 이내, 동절기는 4일 이내로 하며, 표면 손상이 없는 범위에서 조기에 하고 깊이는 20mm 이상으로 한다.

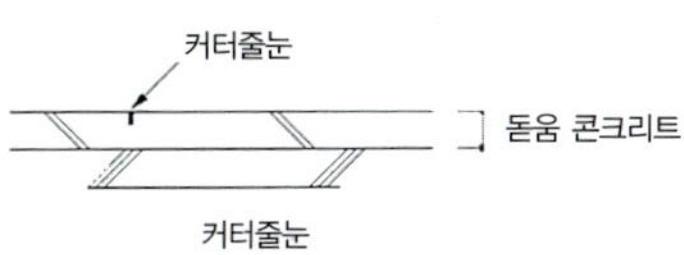

체 크

대책 1 ☞
사례 12
대책 2 ☞
사례 2
사례 24
대책 3 ☞
사례 25
사례 33

❖ 품질관리 포인트

☞ T자형 교차부분에는 신축줄눈을 확실하게 설치하고 건조수축 방향성의 영향을 차단하며, 갈라짐을 방지하기 위해 와이어 메시근을 보강할 것
☞ 커터 줄눈을 시공할 경우에는 시공시기를 검토하고 줄눈 주변에 들뜸 방지를 위한 삽입근 앵커를 타설하며, 구조체와 돋움 콘크리트를 일체화할 것

2 바탕 크랙의 추종에 의한 균열 · 박리

사례 24 다짐바닥 타일면의 균열과 들뜸

현 상 준공한 지 2년 된 9층짜리 RC조 집합주택의 1층 엔트런스 다짐바닥 타일면에 다짐바닥 콘크리트의 크랙에 의해 균열(사진의 →표시 부분) 및 들뜸이 발생했다.

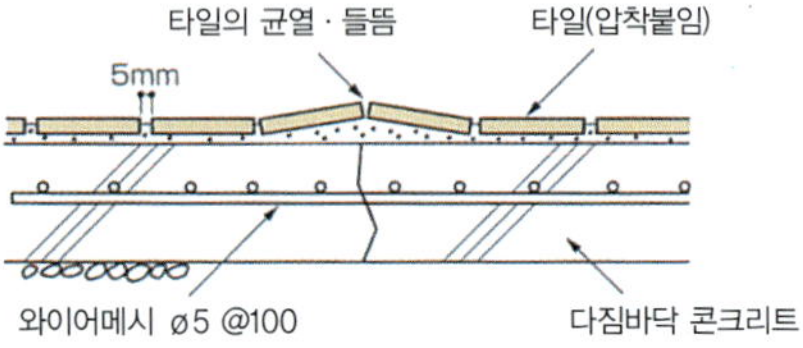

다짐바닥 콘크리트의 크랙과 타일의 들뜸

원 인

1. 다짐바닥 콘크리트의 신축줄눈 피치가 엉성했다.
2. 타일의 신축줄눈폭(5mm)이 너무 작았다.
3. 신축줄눈과 타일의 줄눈이 일치하지 않았다.

해 결

1. 신축줄눈이 설치되지 않은 곳에는 신축줄눈을 새로 설치했다.
2. 부적합한 부위의 타일을 떼어내고 다짐바닥 콘크리트를 자갈층까지 철거해냈다. 자갈층의 전압을 충분히 하고 다짐바닥 콘크리트를 타설했다.
3. 타일을 붙이고 줄눈 채우기, 줄눈 실링을 했다.

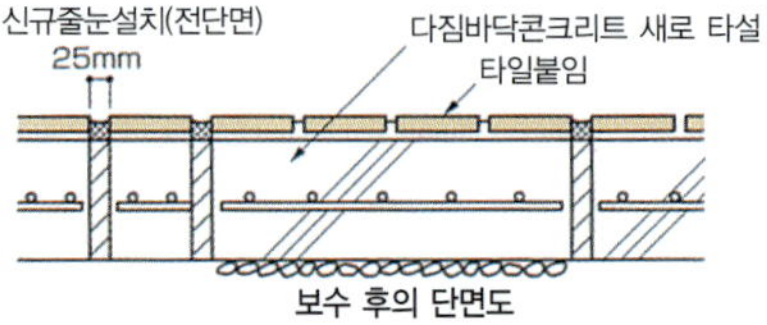

보수 후의 단면도

대 책

1. 신축줄눈

다짐바닥 콘크리트의 신축줄눈 설치간격은 3~4m마다 하고, 줄눈으로 둘러싼 면적은 10㎡ 이하로 한다.

2. 줄눈의 위치

다짐바닥 콘크리트, 바탕모르타르, 붙임모르타르, 마감실링의 신축줄눈 위치를 일치시킨다.

3. 다짐바닥 콘크리트의 자갈층 전압 부족에 의한 침하 사례

다음 그림은 다짐바닥 콘크리트(슬래브 배근) 아래의 세석이 하중으로 작용하지 않도록 세석 위에 방습을 겸한 폴리에틸렌 필름을 깐 예이다.

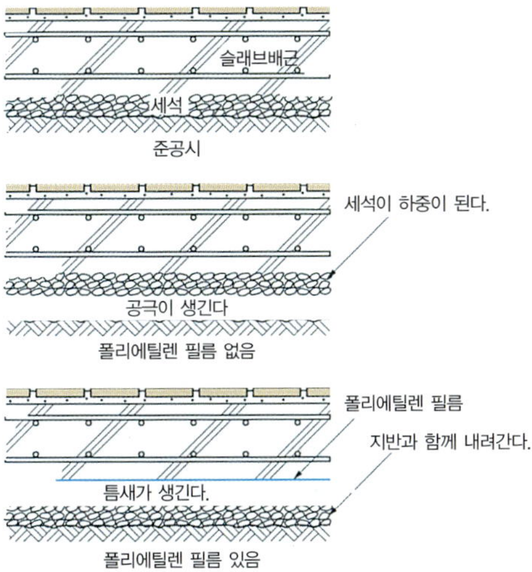

지반침하가 일어나는 다짐바닥 콘크리트(불량 예)

체 크

대책 1 ☞
사례 19
대책 2 ☞
사례 19
사례 20
사례 23
사례 25
사례 29

❖ 품질관리 포인트

☞ 타일 붙이기의 체크를 충분히 할 것
☞ 익스팬션 조인트 철물의 줄눈폭을 타일 줄눈폭보다 크게 잡을 것

3 외벽 제치장 콘크리트의 박리(이어치기)

사례 25 외벽 이어치기 부위의 콘크리트 박리

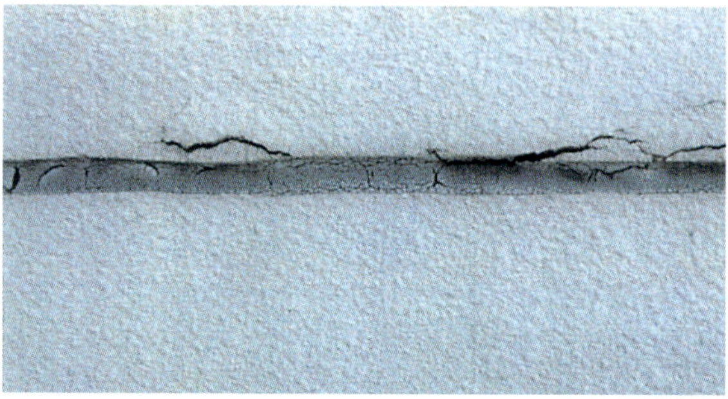

현 상 준공한 지 4년 된 6층짜리 RC조 건물의 1층 부분, 기둥과 보가 제치장된 사무실 빌딩에서 이어치기 부분의 콘크리트가 박리되었다(사진).

원 인 이어치기 부분은 줄눈을 만들어 실링을 했지만, 실링이 불완전하며(줄눈은 일부 모르타르로 보수) 이곳으로 침입된 빗물 등에 의해 피복두께가 부족한 철근이 녹슬어서 팽창하여 콘크리트가 압출되었다.

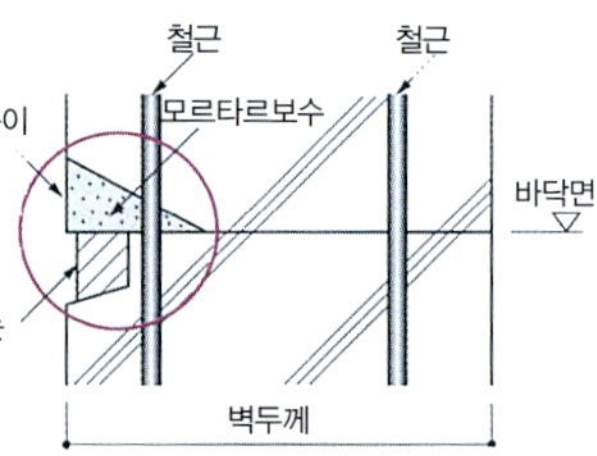

빗물에 의해 피복두께가 부족한 철근이 녹슨 예

해 결 실링재를 모두 철거해내고 구조체의 열화된 부분은 부식된 철근의 녹이 제거될 때까지 깎아내고, 철근 녹방지 처리를 한 다음 에폭시수지 모르타르로 보수했다.

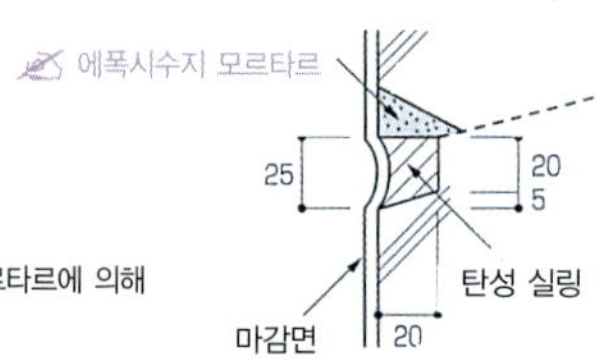

에폭시수지 모르타르에 의해 보수한 예

대 책

1. 콘크리트의 피복두께

최소피복두께[17)]

부위			최소피복두께(mm)	
			마감 있음*1	마감 없음
흙에 접하지 않는 부분	바닥슬래브 지붕슬래브 비내력벽	옥내	20 이상	20 이상
		옥외	20 이상	30 이상
	기둥 보 내력벽	옥내	30 이상	30 이상
		옥외	30 이상	40 이상
	옹벽		40 이상	40 이상
흙에 접하는 부분	기둥 · 보 · 바닥슬래브 · 벽 · 줄기초의 치올림 부분		-	40 이상 *2
	기초 · 옹벽		-	60 이상 *2

*1) 내구성에서 볼 때 유효한 마감이 있는 경우
 2) 경량콘크리트인 경우는 10mm 늘린 수치로 한다.

2. 실링재 선정

부위 · 구성재별 실링재의 조합

부위 · 구성재 \ 실링재			변성 실리콘계	폴리설파이드계	폴리우레탄계
RC벽 · 벽식 PC	이어치기 줄눈	도장 유			O
		도장 무	O	O	
돌붙임	돌줄눈			O	
	창박테두리둘레줄눈		O	O	
타일붙임	타일줄눈			O	
	타일바탕줄눈				O
	창박테두리둘레줄눈		O	O	

3. 줄눈의 상태

① 줄눈에는 줄눈의 차이나 단차 등이 없을 것
② 줄눈의 피착면은 결손이나 돌기물이 없으며 평탄하고, 취약부가 없을 것
③ 피착면에는 실링재의 접착성을 저해할 우려가 있는 수분, 유분, 녹, 먼지 등이 부착되어 있지 않을 것

체 크

대책 1 ☞
사례 26
대책 2 ☞
사례 2
사례 8
사례 17
사례 45
대책 3 ☞
사례 2
사례 7

❖ 품질관리 포인트

☞ 구조체에 설치하는 이어치기줄눈은 방수를 제1목적으로 하므로 3면 접착으로 할 것
☞ 실링재는 폴리우레탄계 또는 변성 실리콘계가 바람직하다.
☞ 최적의 작업환경은 실링재의 종류에 따라 다르지만 일반적으로 기온 15~25℃ 정도, 습도 80% 미만이며, 구름이 있고 바람이 불지 않는 상태이다.

4 외벽 제치장 콘크리트의 박락(기둥 · 보)

사례 26 콘크리트 폭렬에 의한 외벽기둥 · 보 부위의 박락

기둥의 피복부족에 의한 폭렬 ①

보의 피복부족에 의한 폭렬 ②

현 상

준공한 지 6년 된 4층짜리 RC조 건물의 기둥과 보가 제치장된 사무실 빌딩에서, 발코니의 기둥(사진 ①) 및 옥상 오픈스페이스의 보(사진 ②) 부분의 콘크리트가 박락되고 철근이 노출되었다.

원 인

후프근(사진 ① : 기둥) 및 스터럽근(사진 ② : 보)까지 피복이 두껍게 된 곳이라야 100mm 정도 밖에 안 되어 건물 완성 당시부터 균열이 있었을 것으로 여겨진다. 이들 균열을 통해 들어온 빗물 등이 스터럽 및 후프근에서 주근까지 미쳤으며, 그로 인해 철근이 녹슬어서 팽창하고 부근의 콘크리트가 박락되었다.

해 결

구조체의 열화된 부분은 부식된 철근의 녹이 제거될 때까지 깎아내고, 철근 녹방지 처리를 한 다음에 중성화 방지용 모르타르로 보수했다.

대 책

1. 바서포트 · 스페이서 블록의 배치

바서포트 및 스페이서의 종류, 수량 · 배치의 표준[18)]

부위	슬래브	보	기둥
종류	강제 · 콘크리트제	강제 · 콘크리트제	강제 · 콘크리트제
수량 또는 배치	상단근, 하단근 각각 1.3개/㎡ 정도	간격은 1.5m 정도 단부는 1.5m 이내	상단은 보 밑에서 0.5m 정도 중단은 기둥다리와 상단의 중간 기둥폭 방향은 1.0m까지는 2개 1.0m 이상은 3개
비고	단부 상단근 및 중앙부 하단근에는 반드시 설치	측보 외의 보는 위 또는 아래에 설치, 측보는 측면에도 설치	

부위	기초	기초보	벽 · 지하외벽
종류	강제 · 콘크리트제	강제 · 콘크리트제	강제 · 콘크리트제
수량 또는 배치	면적 4㎡ 정도 8개 16㎡ 정도 20개	간격은 1.5m 정도 단부는 1.5m 이내	상단은 보 밑에서 0.5m 정도 중단 · 상단에서 1.5m 간격 정도 횡간격은 1.5m 정도 단부는 1.5m 이내
비고		위 또는 아래와 측면 설치	

주 1) 표의 수량 또는 배치는 5~6층 정도까지의 RC조를 대상으로 한 것이다.
 2) 보 · 기둥 · 기초보 · 벽 및 지하외벽의 스페이서는 측면에 한해서 플라스틱제도 가능
 3) 단열재 타입시의 스페이서는 지지중량에 대해 눌려서 들어가지 않을 정도의 접촉면적을 가진 것으로 한다.

2. 결속선 처리

체 크

대책 1 ☞ 사례 25

콘크리트 박리 방지에는 결속선의 피복두께 확보가 중요!

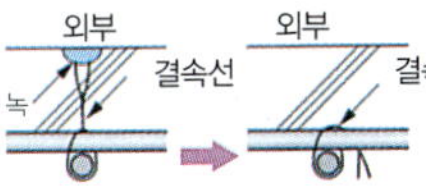

안쪽으로 구부린다.

결속선의 피복두께

❖ 품질관리 포인트

- ☞ 유효한 피복두께는 외벽 주위에서 최저 40mm 확보할 것
- ☞ 건축법에서는 시공단계의 '피복두께'가 엄격하게 검사되므로 충분히 주의할 것
- ☞ 피복두께 관리는 스페이서의 색을 바꾸면 된다.
- ☞ 콘크리트는 단위수량이 적은 조합으로 할 것(저슬램프 · 양호한 골재의 사용 · 혼화제의 유효한 이용 등).

1 바탕의 박리

사례 27 남쪽에 면한 거실에서 셀프 레벨링재의 박리

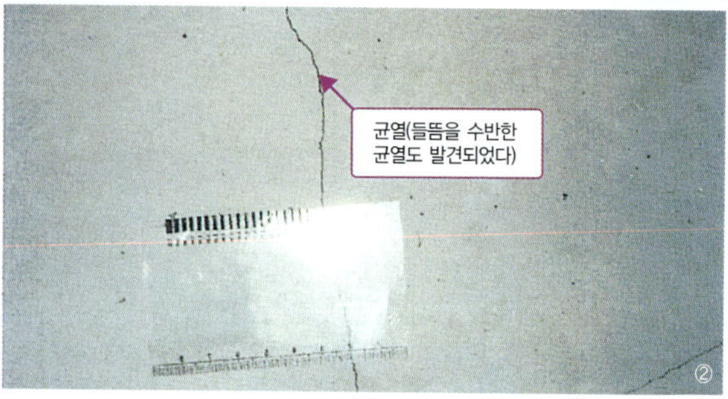

현 상

시공중인 10층짜리 RC조 집합주택으로, 거실 바닥의 셀프 레벨링재가 박리되었다. 균열과 함께 발생되었으며, 특히 남쪽 새시 사이에서 많이 볼 수 있다(사진 ①, ②). 사용재료는 시멘트계이며, 시공두께는 12mm 정도였다.

원 인

1. 셀프 레벨링재 업체가 지정한 것과 다른 프라이머를 일부 사용하여 접착성이 나빴다.
2. 남쪽에서 많이 볼 수 있는 점에서 알 수 있듯이 온도응력의 반복이 콘크리트 바탕과의 접착성에 영향을 미쳤다.
3. 시공 직후의 새시 개폐가 셀프 레벨링재의 표면을 급격히 건조시켰다.

해 결

박리 · 들뜸을 확인하여 불량한 부분은 모두 철거했다. 분진을 청소한 다음 적절한 전용 프라이머를 사용하여 재시공했다. 시공 후 1주일 동안은 새시 개폐를 금지시켰으며 얇은 천으로 직사일광을 차단했다.

대 책

1. 셀프 레벨링재의 접착성을 확보하기 위한 시공순서

① 바탕콘크리트의 처치

· 쇠흙손 누름에 의한 바탕 콘크리트 시공

· 바탕 청소

바탕의 오염, 취약층, 레이턴스, 유분 등을 꼼꼼히 제거할 것!

② 프라이머 도포

업체 시방의 희석배율로 하고, 2회 도장을 표준으로 한다. 1차에서 프라이머가 충분히 건조되어 투명해진 것을 확인한 다음에, 2차 프라이머를 도포한다(사진 ③).

③

프라이머 도포

③ 타설에서 양생

타설시 미장공은 신발을 벗는다. 타설 후에는 비 · 바람의 침입과 직사광선을 차단하여 급격한 건조를 피한다.

④

셀프 레벨링 타설상황

2. 셀프 레벨링재에 관한 기타 부적합 사례

① 기포 발생

기포는 프라이머 도장을 1회만 한 경우나 롤러 및 고무베라로 도포했을 때에 발생하는 경우가 있다. 이들의 보수는 가죽지나 스크레이퍼 등으로 제거하고 보수모르타르로 한다.

② 백화(에플로레센스) 현상

가수량이 많은 경우나 5℃ 이하에서 시공했을 경우에 발생할 때가 있다. 보수방법은 기포에 준한다.

⑤

백화현상

체 크

대책 1 ☞
사례 28
대책 2 ☞
사례 6
사례 28
사례 43
사례 44

❖ 품질관리 포인트

☞ 셀프 레벨링재에 들뜸이 발생하는 원인 중 하나로, 프라이머 도포 후 흙묻은 발로 출입하는 것을 들 수 있다. 1차 프라이머 도포가 끝나면 바로 출입금지 조치를 하는 등의 관리를 철저히 할 것

☞ 바탕콘크리트의 레벨정밀도 관리도 중요한데, 셀프 레벨링재의 시공두께는 최대 20mm 이하로 한다. 너무 두껍거나 울퉁불퉁하면 박리 및 균열의 원인이 되므로 주의할 것

2 플로어링 바닥의 박리

사례 28 집합주택의 거실(집안) 내 복도의 플로어링 바닥 박리

현 상

준공한 지 1년 된 10층짜리 RC조 집합주택의 10층 남면 거실에서, 복도의 플로어링 바닥에 박리 및 들뜸이 발견되었다. 그러나 밑에서부터 밀려 올라오는 현상은 없었다.

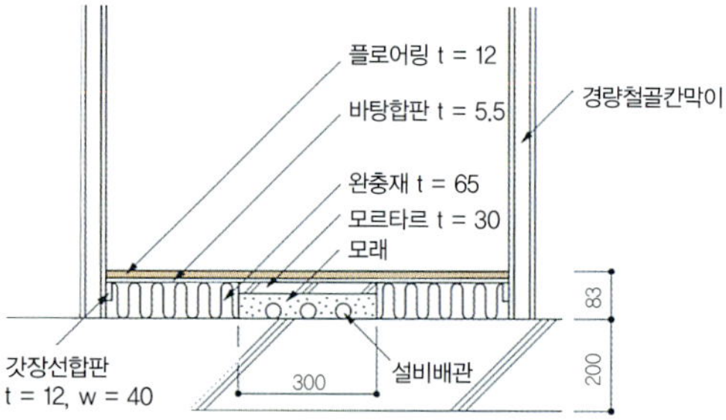

박리 및 들뜸 상황도

원 인

1. 모르타르와의 신축 차이에 의해 박리되었다.
2. 냉난방에 의한 온도변화도 원인인 것으로 여겨진다.
3. 플로어링재가 실내온도에 따라 흡습 · 건조를 반복하여 신축된 결과 박리되었다.
4. 설비배관의 진동에 의해 모래가 가라앉아 모르타르에 크랙이 생겼다.

해 결

박리된 플로어링을 떼어내고 바탕모르타르를 제거하여 불량 부위에 모래를 밀실하게 깐 다음 다시 모르타르를 치고 건조 정도를 확인한 후에 에폭시수지계 접착제(JIS A 5536)를 사용해서 플로어링을 다시 붙였다.

대 책

1. **마감재료의 관리**
   현장시공 중 바닥 등의 마감재료 보관은 반드시 실내로 한다.
2. **바탕의 건조상태 확인**
   부착물, 도장마감 등의 바탕은 충분히 건조시킨다.
   모르타르 등 습식에 의한 바탕은 하절기에는 2~3주 이상, 동절기에는 3~4주 이상 방치하여 건조시킨다.
3. **접착제**
   접착제는 마감재 및 바탕에 따라 사용량과 재질이 다르므로 주의할 것
   ✍ 접착제는 한 번에 넓게 바르지 말고 시공에 적합한 면적 (2~3㎡)에 균일하게 도포한다.
   모든 경우 건조 정도의 확인 및 사용가능 시간에 주의한다.
4. **내장마감이 가장 박리되기 쉬운 곳**
   벽 · 기둥 사이 · 계단 등의 마감재 부착은 박리 불량이 일어나기 쉬운 곳이므로 꼼꼼하게 한다.
5. **직접 붙임 플로어링 바닥의 마무리 예**

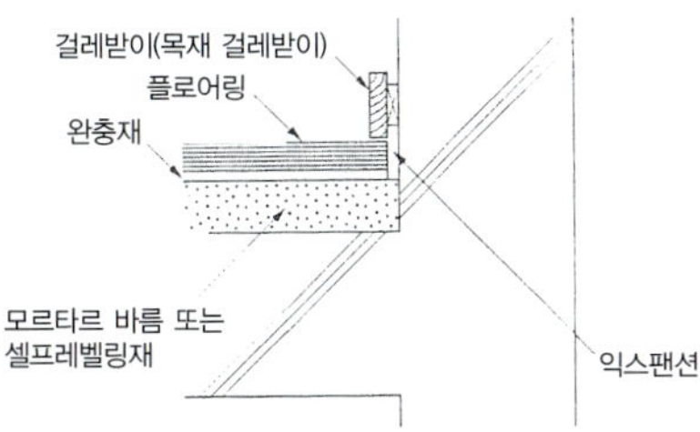

일반적인 걸레받이와의 접합

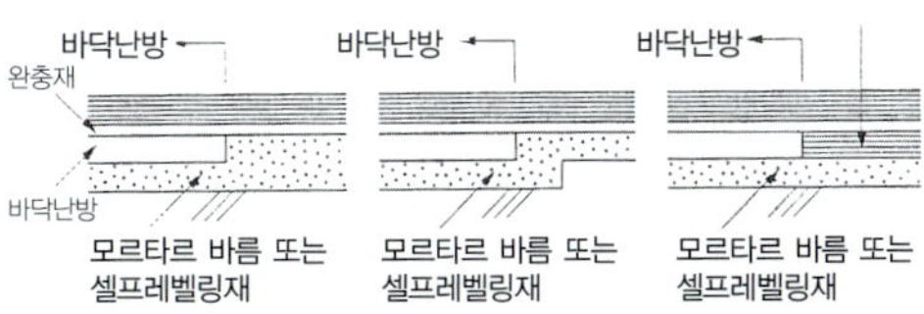

바탕모르타르 등의 단차에 의한 마무리 / **바닥콘크리트의 단차에 의한 마무리** / **내수베니어를 깔아 넣은 마무리**

바닥난방 주위의 바탕 마무리 예

체 크

대책 1 ☞
사례 46
대책 2 ☞
사례 15
사례 50
대책 3 ☞
사례 42
사례 46
대책 4 ☞
사례 41
대책 5 ☞
사례 27
사례 41

❖ 품질관리 포인트

☞ 바탕콘크리트 · 모르타르는 충분히 건조시켜 수분계로 함수율을 계측할 것
☞ 플로어링재는 신축을 고려한 재료를 사용할 것
☞ 벽측 걸레받이의 마무리는 신축을 고려하여 틈을 둘 것
☞ 이중바닥으로 하는 등 방습 대책을 강구할 것

3 접착제 붙임공법에 의한 타일의 박리

사례 29 접착제 붙임공법에 의한 화장실 타일의 박리

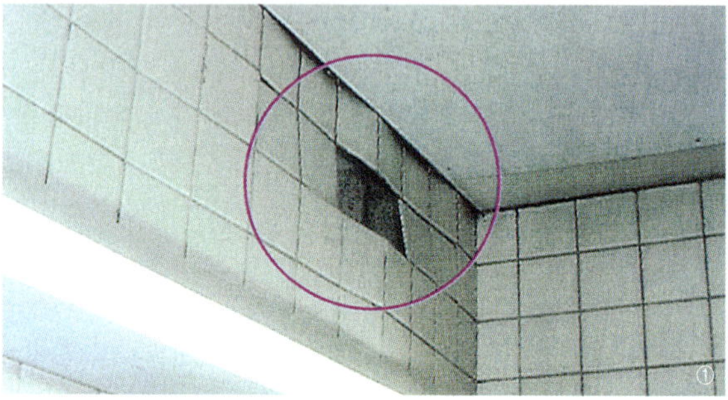

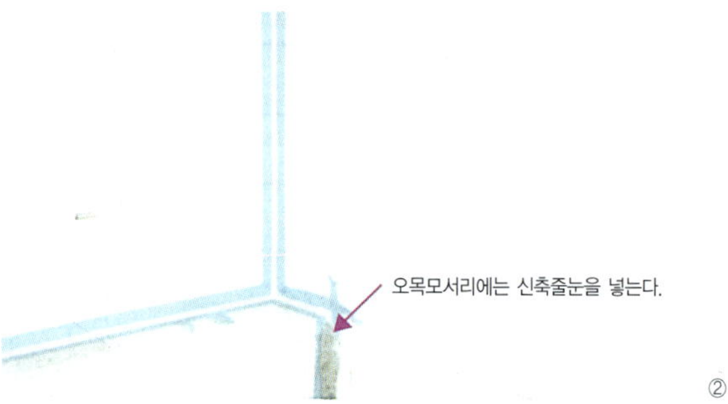

현 상

준공한 지 6년 된 7층짜리 RC조 사무실 빌딩의 화장실에서 바탕모르타르가 쇠흙손누름이었던 접착제 붙임타일이 박리와 박락을 일으켰다(사진 ①, ②).

원 인

1. 모르타르와 타일의 신축 차이에 의해 박리되었다.
2. 줄눈폭의 치수 부족에 의해 박리되었다.
3. 접착력 부족에 의해 박리되었다.
4. 출입구 문의 개폐에 의한 진동에 의해 박리되었다.

해 결

들뜬 타일을 모두 떼어내고 다시 모르타르바탕을 만들어 건조상태를 확인한 다음 유기질 접착제(빗줄 흙손을 사용해 바름 두께 3mm 정도, 바름량 1.0~1.5kg/㎡ 정도)를 눌러 붙이듯이 꼼꼼하게 바르고 타일을 다시 붙였다. 또한 오목 모서리에는 신축줄눈을 설치했다(사진 ②).

대 책

1. 벽타일 접착제 붙임공법

유기질 접착제를 바탕면에 바르고 여기에 타일 또는 유닛타일을 넣어 다짐누름으로 붙이는 공법(아래 그림 참조)

2. 접착제 붙임공법 시공시의 주의점

① 접착제의 1차 바름 면적은 3㎡ 이내로 할 것

② 접착제는 지정된 빗줄 흙손을 사용해서 바름 두께 3mm 정도, 바름량 1.0~1.5kg/㎡ 정도가 되도록 눌러 붙이듯이 꼼꼼하게 바른다.

③ 건조경화형 접착제를 사용할 경우는 오픈 타임(맞댐붙임 가능시간)에 유의한다. 또한 반응경화형 접착제를 사용할 경우는 사용가능시간에 주의한다.

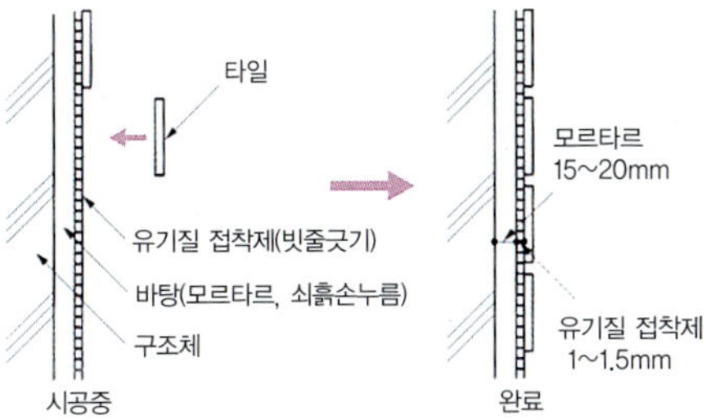

접착제 붙임공법

접착제의 종류와 사용환경과의 조합

사용환경 \ 접착제의 종류	Type I	Type II	Type III
장기, 물 및 온수의 영향이 있음	○	−	−
간헐적으로 물 및 온수의 영향이 있음	○	○	−
물 및 온수의 영향이 없음	○	○	○

❖ 품질관리 포인트

☞ 바탕모르타르는 거친면으로 하고 타일붙이기 후에 줄눈마무리를 한다.

☞ 내수성 접착제(에폭시 변성 라텍스 또는 에폭시수지계)를 사용한다.

☞ 출입구틀, 알루미늄 새시틀과의 접합, 오목모서리 등에는 신축줄눈을 만들고 탄성 실링재를 충전한다.

4 LGS 바탕과 GL 바탕의 접합부 균열

사례 30 LGS 바탕과 GL 바탕의 접합부 균열

현 상 준공한 지 5년 된 7층짜리 RC조 집합주택으로, 5층 서측 거실에서 기둥 부분의 석고보드와 칸막이 석고보드의 접합부에 균열이 생겨 접합부분이 떨어져나갔다.

원 인 콘크리트 기둥(GL공법)과 LGS벽의 이종(異種) 바탕에 의한 거동의 차이 때문에 보드의 조인트 부분에 늘어남과 어긋남이 생겨 균열이 발생했다.

해 결 거주자가 살고 있는 상태의 보수공사였기 때문에 가구 등을 이동시킨 후 불량 개소의 접합부분을 폭이 넓은 둥근 톱으로 깎아 줄눈을 만들고, 조인트 부분은 비닐크로스를 줄눈 내에 말아넣듯이 마무리하여 다시 붙였다.
크로스붙임(줄눈내에 말아넣음)

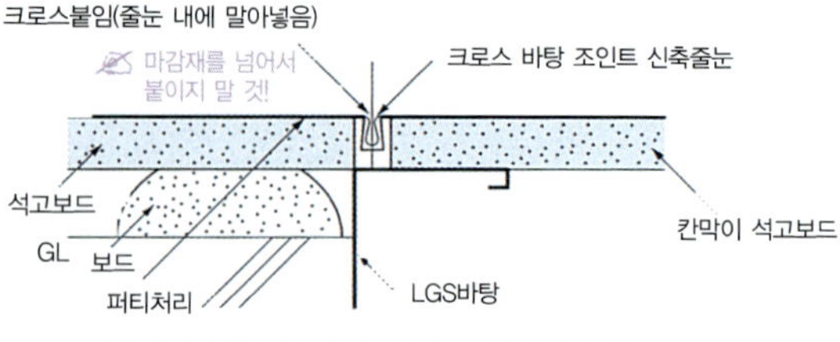

기둥 부분의 석고보드와 칸막이 석고보드의 접합부 마무리

대 책

1. 주요 건축재료의 열팽창계수와 건조수축률

건축재료는 온도변화와 함수율 변화에 의해 신축되며, 이들의 상태는 각각 열팽창계수, 건조수축률 등에 의해 정해진다.

열팽창계수

재 료	열팽창계수 ×10⁻⁵	1m당 온도차 70℃의 신폭량(mm)
보통콘크리트	1.1	0.77
경량콘크리트	1.1	0.77
ALC판	0.7	0.49
화강암	0.53	0.37
대리석(트라버틴계)	0.56	0.39
타일		
자기	0.25~0.53	0.18~0.37
석기	0.25~0.56	0.18~0.39
도기	0.52~0.78	0.36~0.55
벽돌	0.56	0.39
유리	0.9	0.63
경질염화비닐 (빗물홈통, 파이프)	7	4.9
아크릴라이트	7	4.9
강화플라스틱	2.0~3.0	1.4~2.1
강재	1.2	0.84
스테인리스	1.6	1.1
알루미늄	2.4	1.7
강	1.7	1.2
납	2.9	2.0
목재(섬유에 평행)	0.3~0.5	0.21~0.35
(섬유에 수직)	3.5~6.0	2.5~4.2

목재의 건조수축률×10⁻⁴

수종	접선방향	반경방향	축방향
삼나무	25	10	1.2
노송나무	23	12	1.15
적송	29	18	1.5

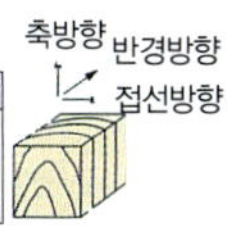

건조수축률

재 료	건조수축률 ×10⁻⁴
보통콘크리트	5~8
경량콘크리트	5~8
모르타르	14~16
석고플라스틱	0
ALC판*1	
시보렉스	2.5
베벨	5
이톤	2
콘크리트블록*1	6.1
타일*1	
자기	0~0.1
반자기	1~2

*1) 포수상태에서 기건상태까지

보드류의 건습에 따른 신축률 (×10⁻⁴) (20℃ 아래에서 습도 35%~95%까지)

재 료	길이 · 폭방향
플라스틱 보드	2.5
대평판	13
플렉시블관	8
파티클보드	23
하드보드	23
합판	24
인슐레이션보드*2	11
	15
목모시멘트판*2	8

*2) 20℃ 아래에서 습도 60%~80%까지

체 크

대책 1 ☞
사례 18
사례 28
대책 2 ☞
사례 28

2. 이종 바탕의 접합부

이종 바탕의 접합부에는 반드시 바탕층에서 마감면까지 동일 개소에 줄눈을 만들고, 마감재를 넘어서 붙이지 않도록 할 것(p.70 '처치' 참조)

❖ 품질관리 포인트

☞ 건축재료는 열팽창계수, 건조수축률을 고려하여 사용할 것

☞ 이종 바탕의 마무리는 바탕층에서 마감면까지 동일 개소에 줄눈을 만들고, 마감재를 넘어서 붙이지 않도록 할 것

5 철골보형 내화피복재의 박리 · 박락

사례 31 철골보형 내화피복재의 박락

현 상

시공중인 6층짜리 S조 ALC판 붙임 사무실 빌딩으로, 3층 보형 부분의 습식공법에 의한 내화피복재가 박락되었다.

원 인

1. 철골재의 녹방지 도료로 적절한 것이 사용되지 않았다.
2. 보 하단의 플랜지면에 철망라스가 들어 있지 않았다.
3. 강재 뿜어붙이기면이 오염되어 있었다.
4. 뿜어붙이기 후 진동 · 충격이 가해졌다.

해 결

떨어진 부분을 크게 제거해내고 철골 표면을 스크레이퍼, 와이어브러시, 용제뿜기, 샌더질 등으로 청소하여 리브 라스로 보강한 후 다시 내화피복재를 뿜어 붙였다.

뿜어 붙이기는 낙하방지를 고려하여 필요에 따라 아래로 뿜기와 위로 뿜기의 2회 뿜기로 나누어서 하며, 일반적으로는 아래로 뿜기를 한 다음 날 위로 뿜기를 한다. 아래로 뿜어 붙이기의 최대 두께는 15~20mm 이내로 한다. 또한 경화 후 보 하단 플랜지면의 박리를 방지하기 위해 보 하단 플랜지를 감싸 넣듯이 뿜어 붙인다. 리브 라스를 넣는 것도 박리 방지로 이어진다(다음 그림 참조).

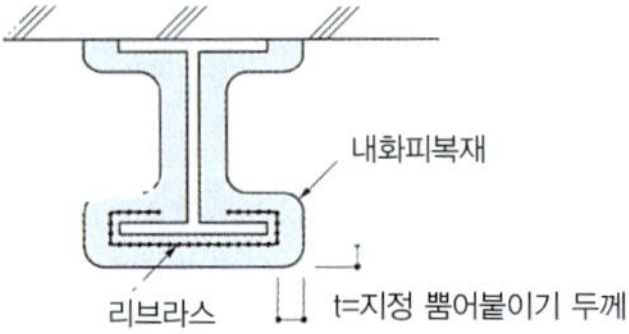

플랜지 하면의 박락방지방법(예)

대 책

1. 철골의 녹방지도장과 내화피복재의 부착성 변화

철골에 녹방지도장이 필요한 경우에는 실험에 의해 다음 그림과 같은 데이터를 얻었으며, JIS K 5622 연단(鉛丹) 녹방지페인트 2종을 도포했을 경우 도장을 하지 않은 경우보다 큰 부착강도를 얻을 수 있다. 또한 반건식 뿜어붙이기 록울의 경우는 JIS K 5622 1종이 적합하다.

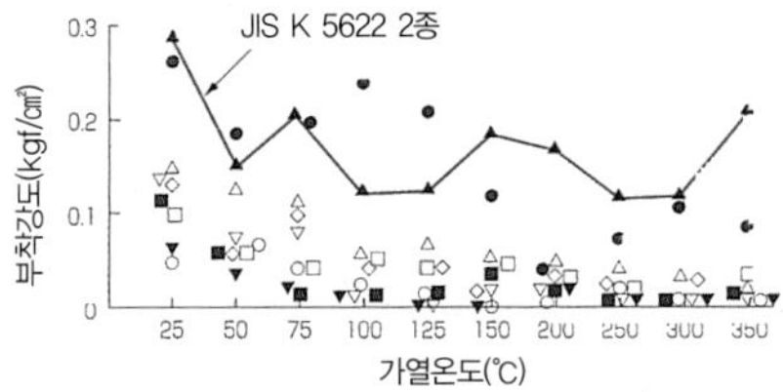

습식 뿜어붙이기 록울의 부착성(▲)[19]

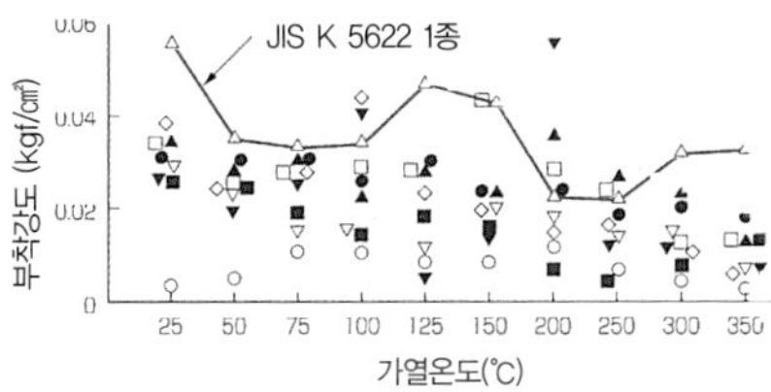

반건식 뿜어붙이기 록울의 부착성(△)[19]

가열에 의한 내화피복재의 부착성 변화[19]

기호	녹방지페인트의 종류	
○	일반용 녹방지페인트	JIS K 5621 1종
△	연단 녹방지페인트	JIS K 5622 1종
▲	연단 녹방지페인트	JIS K 5622 2종
□	아산화연 녹방지페인트	JIS K 5623 1종
■	아산화연 녹방지페인트	JIS K 5623 2종
▽	시아나미드연 녹방지페인트	JIS K 5625 1종
▼	시아나미드연 녹방지페인트	JIS K 5625 2종
◇	페놀변성알키드 녹방지페인트	
●	무도장	

❖ 품질관리 포인트

☞ 누수되는 일이 없도록 ALC판의 줄눈채움 실링을 확실히 할 것

☞ 내화피복재 뿜어붙이기면의 청소와 프라이머 처리를 확실히 할 것

☞ 내화피복재 뿜어붙이기 후에는 4일 이상 양생기간을 두어 부착강도를 높일 것 또한 뿜어붙이기 직후에는 진동이 가해지지 않도록 다른 공사는 하지 말 것

☞ 내화피복재 뿜어붙이기가 완료되고 나면 습기를 흡수하지 않도록 양생을 할 것

5장 침하 · 들뜸 대책

1 부력에 의한 건물의 들뜸

사례 32 빗물에 의한 부력으로 건물이 들뜸

현상 준공한 지 1년 된 13층짜리 RC조 집합주택의 옥외 기계식 주차장 피트가 태풍과 함께 큰 비가 지나간 후 최대 900mm까지 들떠 있었다(사진). 시공시 흙막이벽은 엄지말뚝(H강) 횡시(橫矢)판이며, 시공 완료시에는 H강이 뽑아져 있었다.

원인 현장은 원래 지반의 침수성이 나빠 H강을 뽑아낸 구멍에 모래 등의 침투성이 좋은 재료로 되메우기를 했는데, 태풍에 의한 집중호우로 구멍에서 피트 아래로 돌아들어가 피트 주위만 급격히 수위가 상승하면서 부력이 생겼으며, 이로 인해 구체가 들어 올려진 것으로 여겨진다.

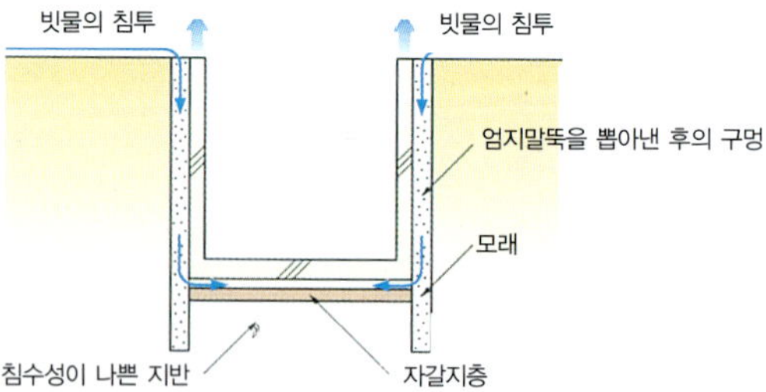

주차장 피트의 들뜸 상황

해결

1. 흙막이벽(엄지말뚝 횡시판)을 구조체 주위에 재시공하고 굴삭을 했다. 이 시점에서 구조체가 꽤 침하되었다.
2. 구조체 사이에 엄지말뚝을 타설하고 이를 반력으로 하여 잭으로 레벨 조정을 했다. 이후 지지철물로 고정했다.
3. 구조체 밑바닥 아래는 모르타르를 주입하여 레벨 맞추기를 했다.
4. 구조체 주위에 되메우기를 했다.

대 책

1. 부력의 검토

지하수위가 높고 직접기초, 형상이 박스형(정화조, 오일탱크, 방화수조 등)인 경우는 부력을 검토한다.

2. 들뜸 방지책

들뜸 방지책으로는 다음과 같은 방법을 고려할 수 있다.

① 지하구조체의 중량을 부력 이상으로 한다.

② 내압판을 지하구조체 주위로 빼내어 내압판에 가해지는 되메우기흙의 중량으로 들뜸을 방지한다.

③ 흙막이벽이 있는 경우는 흙막이벽 심재를 뽑아 저항말뚝으로 이용한다.

④ 딥웰 사용시에는 구조체 중량이 부력보다 커지는 것을 계산으로 확인한 다음에 정지한다.

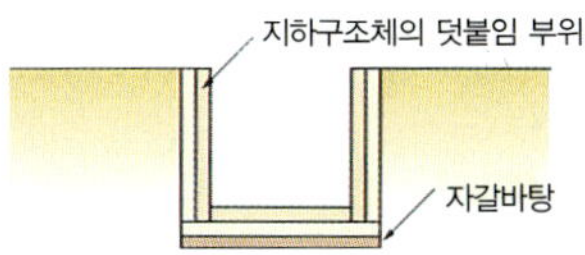

① 지하구조체의 중량을 부력 이상으로 하는 방법

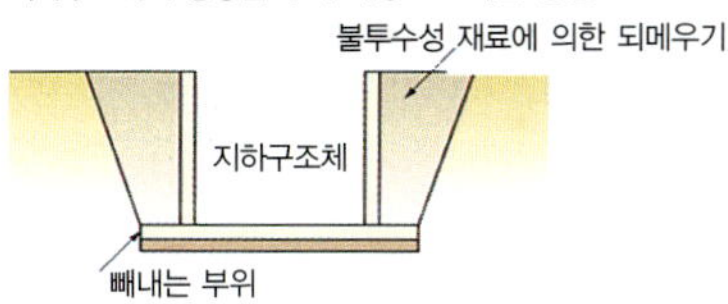

② 내압판을 지하구조체 주위로 빼내는 방법

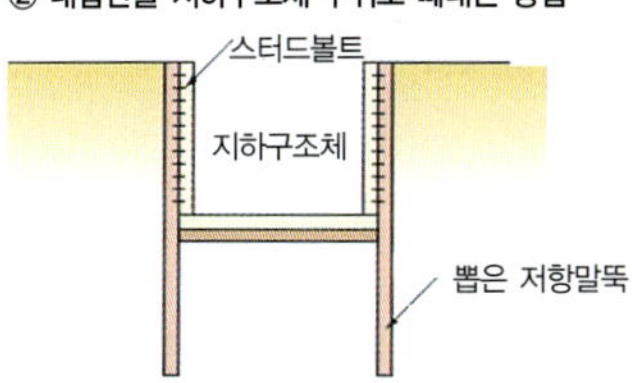

③ 흙막이벽 심재를 뽑아 저항말뚝으로 이용하는 방법

체 크

대책 2 ☞
사례 33

❖ 품질관리 포인트

☞ 지하수위가 높고, 직접기초, 형상은 상자형, 고투수성 되메우기재를 사용하는 경우는 부력검토를 할 것

☞ 깊은 터파기 완료 후 구조체의 중량 > 부력을 확인한 다음에 할 것

☞ 들뜸 방지책은 ①구조체 중량을 부력보다 크게 한다, ②흙막이벽과 지반앵커를 뽑아 저항말뚝으로 이용한다, ③내압판을 구조체 주위에서 빼내는 방법으로 검토할 것

2 다짐바닥 콘크리트의 침하

사례 33 되메우기 불량에 의한 다짐바닥 콘크리트의 침하

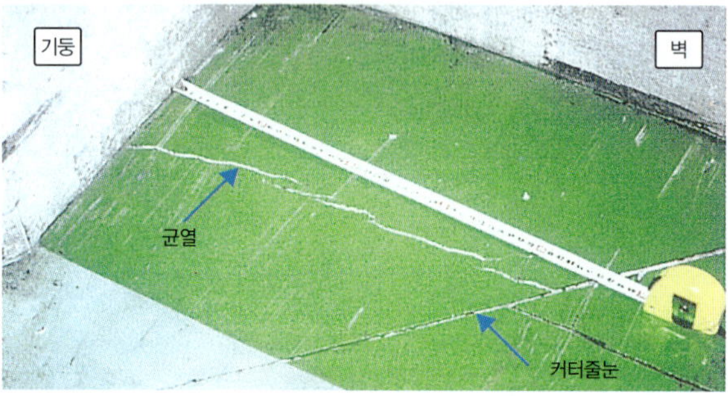

현 상

준공한 지 6년 된 3층짜리 S조 공장에서, 다짐바닥 슬래브의 부동침하가 진행되어 조사한 결과 슬래브 하면에 평균 30mm, 최대 80mm의 틈새가 생기고 콘크리트 이어치기 부분(무근)에 최대 20mm의 단차가 생기는 침하가 발견되었다.

원 인

장마시 다량의 물을 포함한 점성 현장발생토를 그대로 한 번에 되메우기한 결과 되메우기흙이 충분히 다져지지 않아 압밀침하를 일으킨 것으로 여겨진다.

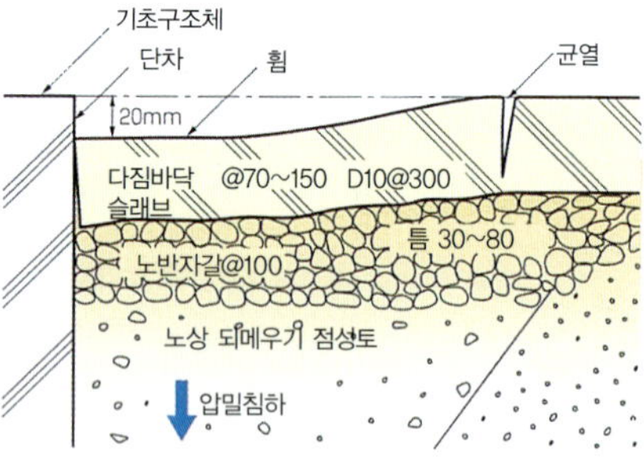

다짐바닥 슬래브 단면 모식도

해 결

1. 다짐바닥 슬래브 아래의 틈새에 알루미늄분말 혼입모르타르(팽창모르타르)를 그라우트했다.
2. 다짐바닥 슬래브 균열에 에폭시수지를 주입했다.

대 책

1. 굴삭범위

되메우기로는 자연지반과 같은 강도를 얻기 어려우며, 굴삭범위는 구조체 시공이 가능한 최소한으로 한다.

2. 자연지반의 토질

연약토의 경우 표층 1m(중량물이 실리지 않는 경우는 50cm)를 개질토로 바꾼다.

3. 되메우기흙의 토질

사질토(산모래가 가장 적합, 입자가 균일한 해사는 부적합)나 흙모래 섞인 자갈로 한다. 부득이하게 점성토, 실트, 부식토를 사용할 경우에는 지반개량재(생석회 등)와 혼합하여 사용한다.

4. 다짐방법

① 전압

· 한 번에 되메울 두께는 일반 부위 30cm, 구조체 · 기초둘레 20cm 이내로 하고, 전압기계는 토질 · 규모에 맞는 것을 사용한다(진동롤러, 진동 컴팩터 등).

· 흙은 함수비가 적당한 경우에 잘 다져지며, 비가 온 후처럼 함수비가 높을 경우에는 개이는 정도만으로는 다져지지 않으므로 함수비가 내려갈 때까지 가만히 둔다(시멘트와 혼합하여 유효한 경우도 있음).

· 되메우기흙은 그날 중에 다진다.

② 물다짐

투수성이 좋고 수위가 낮은 자연지반에서는 투수성이 좋은 사질토로 되메우기하는 것이 유효하다. 또한 충격식 전압기계를 병용하면 효과적이다.

5. 천단 정도

되메우기 천단 레벨의 정도는 지반계수 · 다짐바닥슬래브 강도에 영향을 주므로 기준을 정하여 관리한다.

6. 턱을 만들어 지지했을 경우의 효과

① 외부(外構) 구조체물 등의 다짐바닥 콘크리트를 침하와 조화되도록 한다.

② 기초구조체 사이를 되메운 후 침하에 따르는 영향이 없다.

체 크

대책 1 ☞ 사례 34

대책 3 ☞ 사례 34

대책 4 ☞ 사례 34

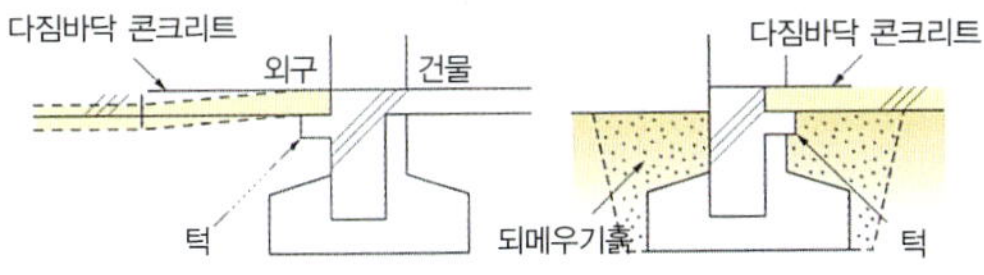

턱을 설치한 지지

❖ 품질관리 포인트

☞ 굴삭범위는 구조체 시공이 가능한 최소한으로 할 것

☞ 자연지반이 연약토인 경우는 표층을 개질토로 바꿀 것

☞ 되메우기는 사질토(산모래가 최적)나 흙모래 섞인 자갈을 사용할 것

☞ 한 번에 되메우는 두께는 일반부위 30cm, 구체 · 기초 주위 20cm 이내로 할 것

☞ 되메우기흙은 원칙적으로 그날에 충분히 깔아 굳힐 것

3 다짐바닥 매설배관의 파손

사례 34 되메우기 불량에 의한 매설배관의 파손

현 상

준공한 지 2년 된 6층짜리 RC조 사무실 빌딩으로, 급수사용량이 일반 사용량의 2.5배라는 것을 수도국 검침으로 알게 되어 조사한 결과, 다짐바닥 아래에 매설한 급수관이 지반과 함께 침하하여 깨져 있었다. 또한 오수관도 탈락 · 파손되어 정상적으로 흐르지 못하는 상태였다.

원 인

시공계획시 지반침하를 상정했음에도 불구하고 관재료 염화비닐제이며, 지지간격도 컸기 때문에 침하시의 토압에 의해 파손된 것으로 여겨진다.

해 결

1. 슬래브 아래의 흙을 제거하고 피트방식으로 했다.
2. 슬래브에 점검구(600×600 뚜껑 포함)를 신설했다.
3. 기설 급수관 · 오수관 · 잡배수관을 철거해내고 신설 배관을 설치했다.
4. 배관 지지간격은 설계자 · 공사감리자와 협의한 후 시공요령서를 작성하여, 그에 따라 시공했다(달대철물은 스테인리스제로 했다).

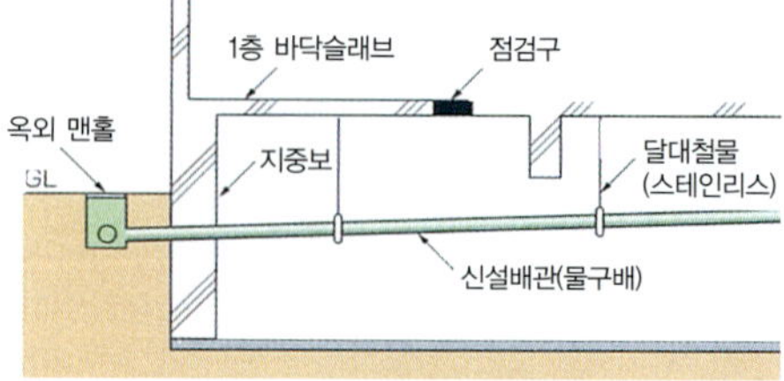

배관피트

대책

1. 계획

① 지반침하가 예상되는 지역에서는 다짐바닥 매설배관을 하지 않도록 계획한다.

② 되메우기 다짐 후 매설배관을 위해 다시 파내면 배관 파손방지를 위해 되메우기흙을 충분히 전압하지 않을 가능성이 있으므로 배관은 가급적 피트방식으로 한다.

③ 원칙적으로 다짐바닥에는 배수 외 용도의 배관을 매설하지 않아야 한다.

2. 부득이 다짐바닥 매설배관으로 하는 경우

① 달대볼트의 피치(VP관의 경우)는 지상배관의 피치와 달리 배관경, 매설깊이에 따라 정해지므로 다음 표를 참고로 시공한다. 또한 기구와의 접속부 근처의 지관에는 반드시 지지를 한다.

달대볼트의 지지간격

배관경 \ 매설깊이	200	300	400	500	600	700	800	900	1,000	1,100	1,200
20											
25			400								
32	600							해당없음			
40	800		600								
50	1,000		800		600						
65	1,200		1,000		800	600					
80					1,000			800			600
100	1,500				1,200			1,000		800	
125								1,200			1,000
150											1,200
200	2,000							1,500			

② 달대볼트의 재질은 부식을 고려하여 스테인리스제로 한다. 용융아연도금제는 부식되기 때문에 사용을 피한다.

③ 되메우기는 배관의 수압시험 · 도장피복 등이 완료된 후에 한다. 되메우기흙은 투수성이 좋고 물다짐이 잘 되는 사질토를 사용한다. 건설발생토(굴삭토)를 되메우기흙으로 재이용할 때에는 양질토로 한다.

체크

대책 1 ☞
사례 32
사례 33

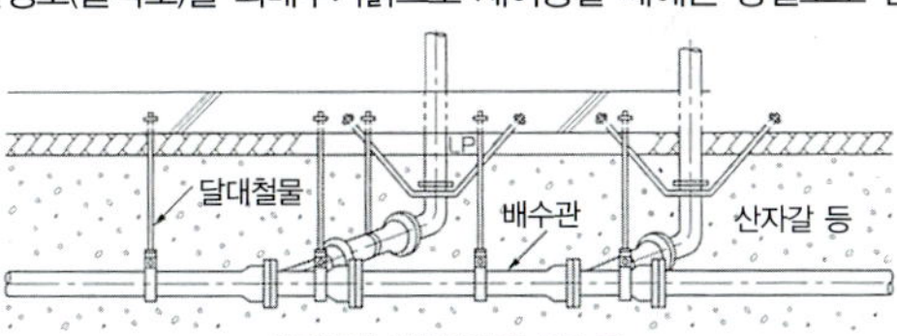

다짐바닥 매설배관의 시공 예

❖ 품질관리 포인트

☞ 지반침하가 예상되는 지역에서는 다짐바닥 매설배관을 하지 않을 것

☞ 달대볼트의 재질은 부식을 고려하여 스테인리스제로 할 것

☞ 건물내 배관과 외부배관의 이음은 침하량에 맞는 대책을 취할 것

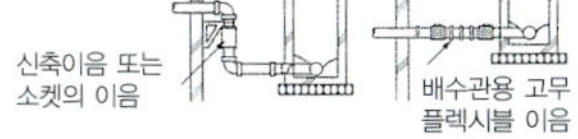

4 익스팬션 조인트 철물의 파손

사례 35 기초형식의 차이에 의한 익스팬션 조인트 철물의 파손

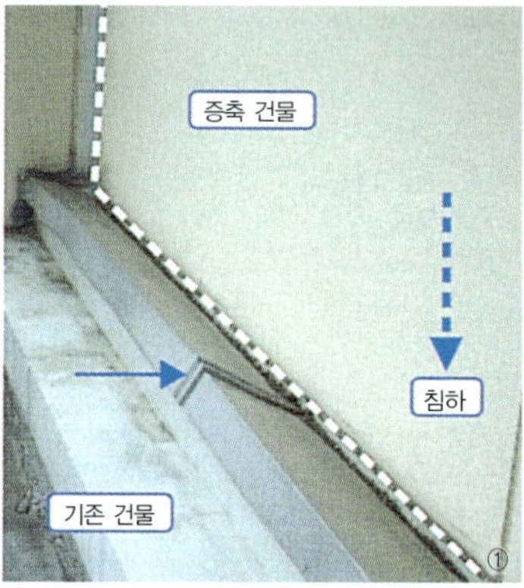

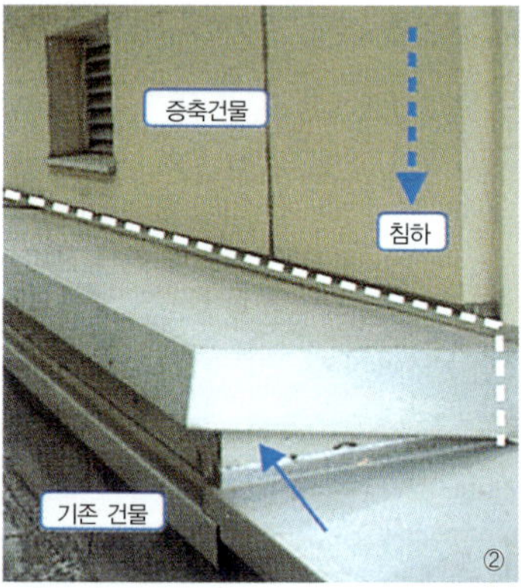

현상

준공한 지 2년 된 4층짜리 RC조 사무실 빌딩으로, 기존 건물과 증축 건물에 설치한 익스팬션 조인트 철물이 변형되었다(사진 ①, ②의 →표시 부분).

기초형식의 차이에 따른 침하량 차이에 의해 생긴 증축부(직접기초)의 바닥 단차

원인

증축 건물의 기초형식(직접기초)이 기존 건물의 기초형식(말뚝기초)과 다름에 의해 증축 건물의 침하량이 익스팬션 조인트 철물의 허용범위를 넘었다(이 사례에서는 증축 건물의 압밀침하가 요인이었던 것으로 여겨진다).

해결

1. 건물침하로 역구배가 된 익스팬션 조인트 철물의 커버를 떼어내고 익스팬션 조인트 철물의 내부를 점검 · 수리했다.
2. 증축 건물의 외벽 콘크리트에 커터를 넣은 후 틈새를 설치했다.
3. 익스팬션 조인트 철물의 커버를 정규 구배를 확보할 수 있는 위치에 다시 부착했다.
4. 익스팬션 조인트 철물의 커버와 외벽 콘크리트의 접합 부분을 실링처리 했다.

대 책

1. 토질주상도와 말뚝 · 기초와의 조합

① 침하방지를 위해 연약층을 15m 이상 관통하는 말뚝기초의 경우는 네거티브 프릭션(말뚝에 생기는 하향 마찰력) 대책을 한다. 대책에는 다음과 같은 방법이 있다.
- 군말뚝형식의 강관말뚝으로 하고, 말뚝의 선단을 폐쇄형, 표면에 아스팔트계 라이닝을 한다.
- 지중보의 강성을 높게 한다.
- 프로티브 기초공법을 채용한다.

② 허용지지력은 적절한지, 지지층은 5m 이상되는지 등을 여러 차례에 걸친 보링조사를 통해 확인한다.

2. 건물지지공법의 확인

① 동일 건물에서 지지말뚝과 마찰말뚝, 말뚝과 직접기초 등 이종기초의 병용은 구조계획에 의해 안전이 확인된 경우를 제외하고는 원칙적으로 금한다. 특히 부속건물, 외부계단, 증축 건물에는 주의가 필요하다. 한편 이종기초의 병용은 다음과 같은 경우를 가리킨다.
- 말뚝 또는 케이슨기초와 직접기초와의 병용
- 토질 또는 지층의 두께에 차이가 있는 이질지반에서 지지하는 기초 지지말뚝과 마찰말뚝의 병용
- 동일 기초라 하더라도 말뚝의 재료 또는 시공방법에 차이가 있는 말뚝의 병용

주) 직접기초인 독립기초, 줄기초, 바닥기초 각각의 병용은 이종기초의 병용에 해당하지 않는다.

② 매립지에서의 직접기초는 말뚝기초로 변경하거나 지반개량 등의 유효한 처리를 한다.

체 크

대책 2 ☞
사례 33
사례 34

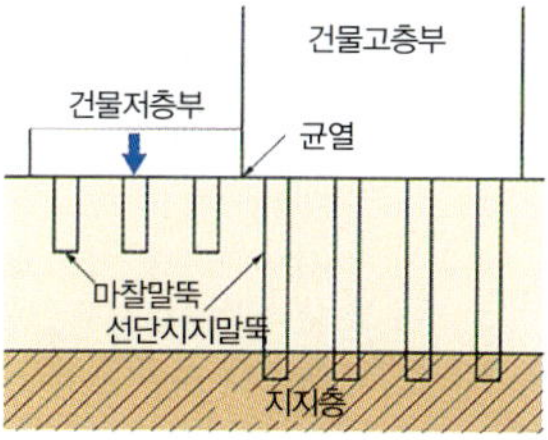

이종기초의 병용
(불량 예)

❖ 품질관리 포인트

☞ 연약층에서는 네거티브 프릭션을 고려할 것
☞ 허용지지력이 적절한지, 여러 차례의 보링조사를 통해 확인할 것
☞ 이종기초(상기 '대책 2' 참조)의 병용은 가급적 피할 것
☞ 특히 부속건물, 외부계단, 증축 건물의 기초형식에 주의할 것
☞ 매립지에서의 직접기초는 말뚝기초로 변경하거나 지반개량 등의 유효한 처리를 할 것

1 단열재 시공범위의 대비 소홀로 인한 결로

사례 36 집합주택 거실의 바닥 · 천장에 결로 발생

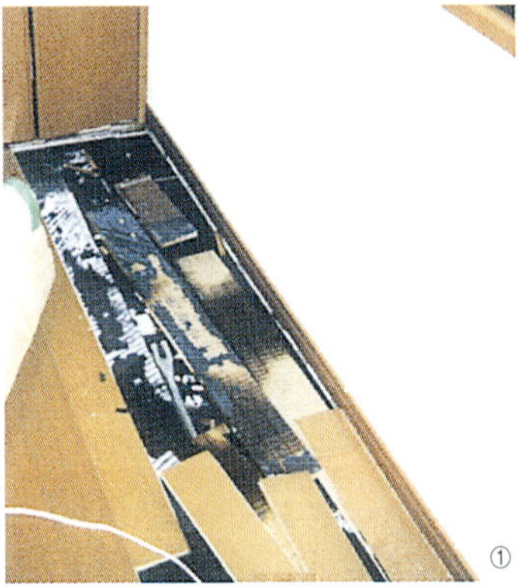

①

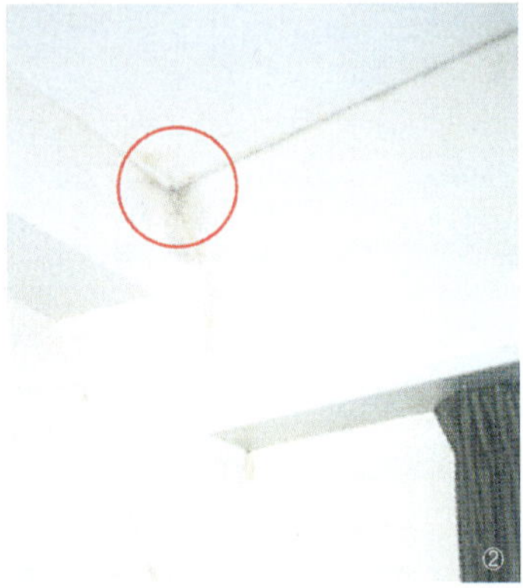

②

현 상

사진 ① : 준공한 지 1년 되는 겨울, 11층짜리 RC조 집합주택의 2층 북쪽에 있는 양실 바닥이 결로 때문에 변색되어 다시 붙이기 위해 플로어링재를 떼어냈다.

사진 ② : 준공한 지 1년 되는 겨울, 9층짜리 RC조 집합주택의 옥상층 파라펫(세트백 부위) 하부의 양실 · 천장 접합에 곰팡이가 발생했다(○ 표시).

원 인

사진 ① : 아래층은 주차장이고 슬래브 하면은 스타일로폼 t=30, 외벽면은 발포우레탄 t=25를 뿜어 붙였는데, 외벽 접합부 하층의 큰보와 복도 슬래브에는 단열처리가 없고 히트로스*에 의해 결로가 발생했다(p.83의 '대책 1' 참조).

사진 ② : 옥상의 외단열방수와 내단열 접합부분에서 단열보강 반복 사용길이가 부족(오른쪽 그림 참조)해서 히트 브릿지 상태가 되었고, 동절기 결로에 의해 천장 접합면에 곰팡이가 생겼다.

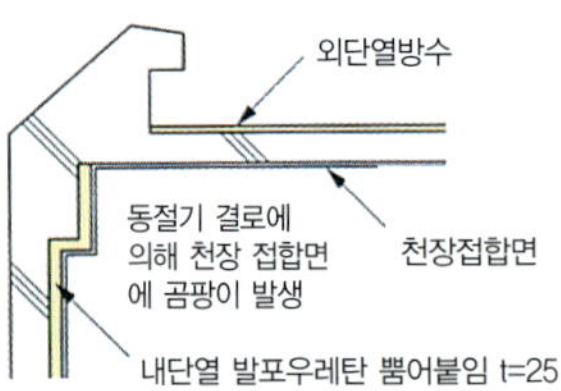

해 결

사진 ① : 주차장의 천장을 떼어내고 거실바닥면의 외기에 접하는 하층(주차장)의 큰보 하면과 측면, 복도바닥 아래에 단열재로 발포우레탄 t=25를 뿜어붙이고 천장을 재시공했다(p.83 '대책 1' 참조).

사진 ② : 단열 부족 부분에 S1보드를 붙이고, 마감은 접합붙임으로 했다(p,83 '대책 2' 왼쪽 그림 참조).

대 책

1. 외기에 면한 기둥 · 보 · 칸막이벽의 단열

외기에 면한 기둥이나 보의 안쪽은 외벽과 마찬가지로 단열재를 시공한다. 또한 단열보강은 소정의 두께와 반복사용 길이를 확보한다.

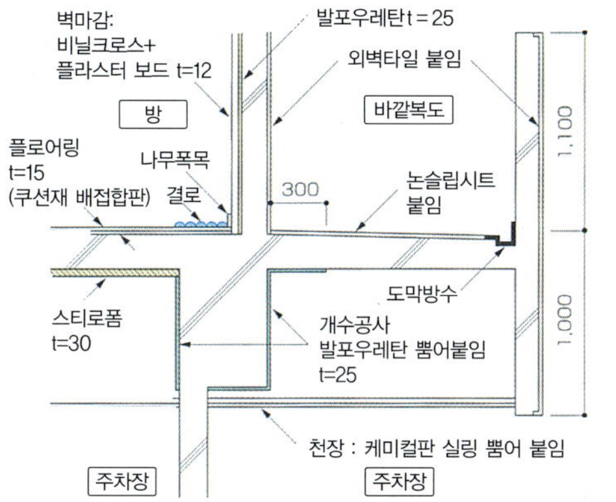

바닥 위에서 단열보강할 수 없는 경우는 히트 브릿지를 생기게 하지 않는 범위를 단열한다.

필로티 부분 상층의 단열보강

2. 외단열방수와 단열

세트백 부분 및 드레인 설치 하부에 히트 브릿지가 생기기 쉽다.

지붕슬래브의 단열보강

*) 히트로스 : 불필요하게 빠져나가는 열

체 크

대책 1 ☞
사례 37
사례 38
사례 50

❖ 품질관리 포인트

☞ 외기에 면한 기둥 · 보 · 칸막이벽 등의 우각부는 단열할 것. 바닥 위에서의 단열과(P.85 '대책 1' 참조), 바닥과 외벽의 접합부 단열보강에서는 단차를 만들고 단열 모르타르 등의 사용을 검토한다.

☞ 설계도에 단열보강에 관한 기술이 없을 경우 설계자에게 확인함과 동시에, 결로가 예상되는 부분에는 단열재를 시공한 후에 마감을 할 것

2 단열재 두께 부족에 의한 결로

사례 37 집합주택의 반침 내에서 결로 발생

현 상

준공한 지 1년 되는 겨울, 집합주택의 북쪽 외벽에 면한 반침 내에서 나무바탕 패킹 아래의 단열재(발포우레탄)가 흠이 생겨 떨어지면서 패킹 하단이 히트 브릿지*가 되어 결로가 발생하고(사진 아래의 ○ 표시 부분) 이 결로수가 나무바탕을 통해 마감재 합판까지 적셨다.

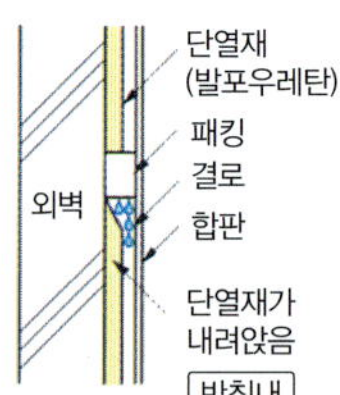

원 인

1. 현장발포우레탄의 경화불량에 의해 내려앉음이 발생했다.
2. 나무바탕을 조립하기 전에 단열재의 불량 개소를 보수하지 않았다.
3. 현장발포우레탄의 뿜칠 두께 부족

해 결

마감재를 떼어내 며칠 동안 제습기로 건조시킨 후 벽의 현장발포우레탄을 늘려 뿜칠하고, 슬래브 위에도 단열보강하여(p.85 '대책 1' 참조) 반침 내부를 다시 마감했다.

대 책

1. 외벽에 면한 반침 시공

① 반침에 통기를 위한 틈새나 환기구멍을 만든다.
② 반침의 천장 · 바닥 아래에도 단열을 한다.

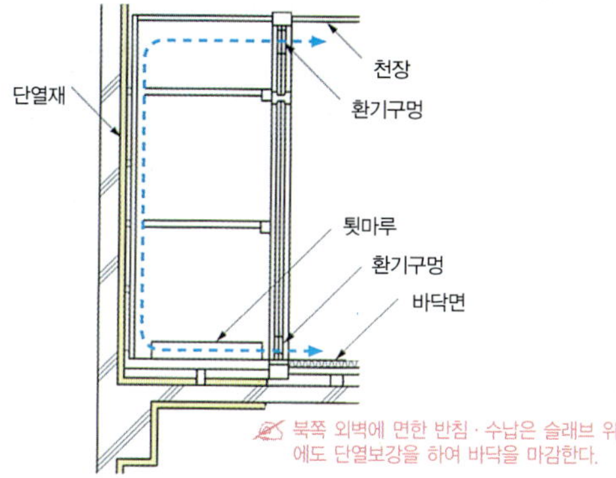

반침의 결로대책 예

2. 저온하에서의 발포우레탄 시공

① 경화불량을 일으키지 않도록 동절기(저온하)의 발포우레탄 시공은 최대한 주의한다(발포도 조정 등).
② 구조체 표면온도가 0℃ 이하인 경우에는 시공하지 않는다. 또는 구조체 표면을 따뜻하게 하는 등의 조치를 하여 시공한다.

3. 발포우레탄 뿜칠두께의 확인

준공 후 뿜칠두께를 반드시 체크한다. 불량개소가 있을 경우에는 다시 보수한다(오른쪽 그림 참조).

패킹 주위 · 벽 하부 등과 같이 시공이 어려운 곳은 중점적으로 관리한다.

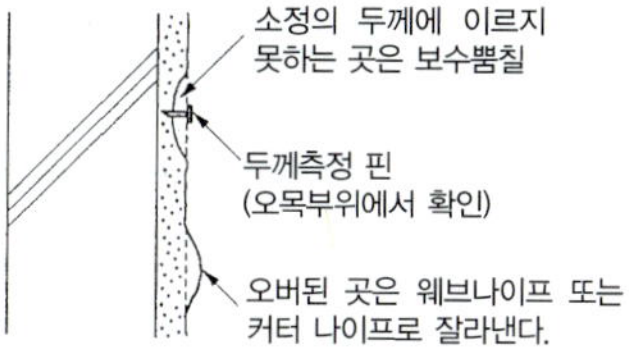

뿜칠두께 체크

체 크
대책 2 ☞
사례 36
사례 38
사례 50
대책 3 ☞
사례 36
사례 38
사례 50

*) 히트 브릿지 : 열교현상이라고도 함. 철이나 콘크리트 등 열을 전하기 쉬운 재료가 내부와 외부에서 이어져 열이 심하게 전해지는 현상.

❖ 품질관리 포인트

☞ 집합주택의 반침은 평면계획에서 외벽에 배치하지 않도록 한다. 부득이한 경우에는 반침 내의 환기를 위해 위아래에 환기구멍을 만들고 툇마루를 깔며 천장, 바닥아래 모두 단열을 한다.

☞ 결로대책 중 하나로 거주자에게 수증기 발생 억제, 반침 내의 환기 등과 같은 조언을 한다(p.122~123의 '부록-결로' 참조).

3 단열재 시공 대비 소홀에 의한 결로

사례 38 새시 테두리의 결로 · 곰팡이 발생

현 상

준공한 지 2년 된 7층짜리 RC조 집합주택으로, 새시 테두리에 결로가 발생하고(사진 ①), 그 주변의 벽접합면에 곰팡이가 생겼다.

원 인

새시 테두리의 채움 모르타르와 벽 단열용 발포우레탄 사이에 틈이 생겼으며(사진 ②의 ○표시 부분), 동절기 실내에서의 고온 공기가 그 틈새로 들어가 차가워지면서 결로를 일으켰다.

해 결

새시 접합부의 틈에 현장발포우레탄을 주입하고, 보드 및 벽크로스를 다시 붙여 보수했다.

대 책

1. 새시 주위의 단열

단열재의 연속성이 중간에 끊기는 부분이나 히트 브릿지가 되는 위치, 결로를 일으키기 쉬운 부위를 상세도에서 찾아내, 히트 브릿지 부위의 저온부위에 고온다습한 공기가 닿으면 결로를 일으킨다는 것을 인식하여 새시 주위 등에 대한 완전한 현장발포우레탄을 주입(단열)한다.

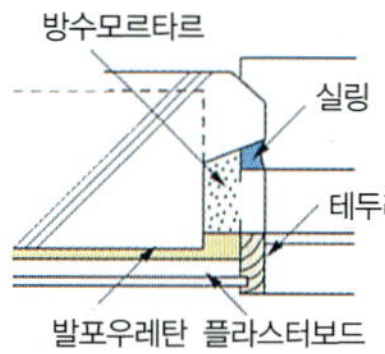

좌우의 마무리

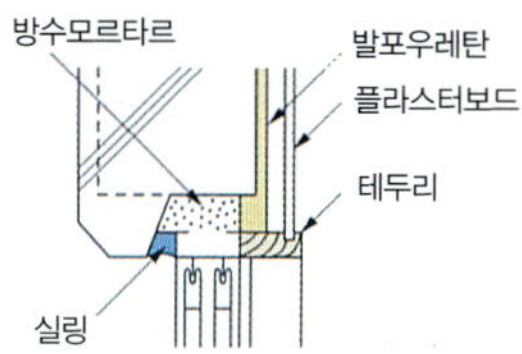

상부의 마무리

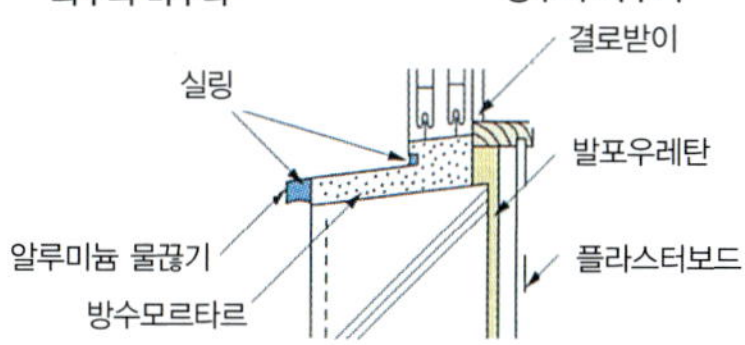

하부의 마무리

2. 결로를 일으키기 쉬운 부위

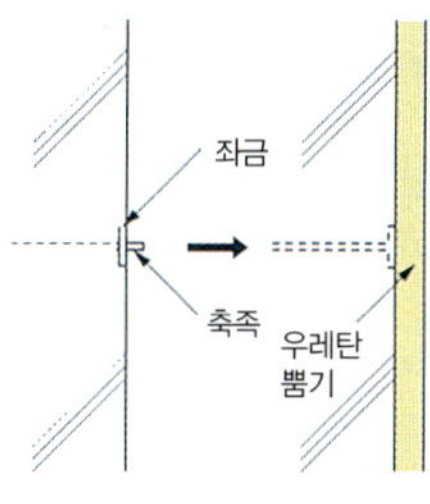

축족 · 좌금을 제거하고 발포우레탄을 뿜칠한다.

세퍼레이터

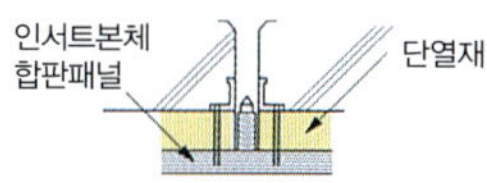

단열 인서트를 사용한다.

슬래브 인서트

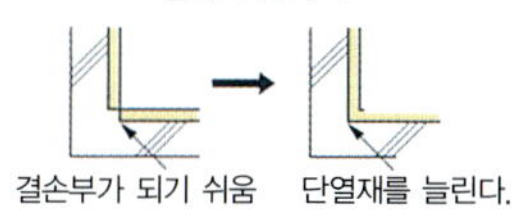

결함부가 없도록 단열재의 틈새를 만들지 않는다.

오목모서리 부위

체 크

대책 2 ☞
사례 36
사례 37
사례 50

❖ 품질관리 포인트

☞ 방수모르타르를 채운 후 우레탄뿜칠을 한다.

☞ 불꽃이 나오는 작업은 우레탄뿜칠을 하기 전에 완료하게 한다(주변에 가연물을 두어서는 안 된다).

☞ 우레탄 두께를 확인한다(P.85 '대책3' 참조).

☞ 시공 후 결로방지를 위해 거푸집 탈형 후 최소한 14일 이상 건조시킨 다음에 시공한다(바탕함수율 8% 이하로 한다).

4 여름형 결로

사례 39 지하창고의 천장 슬래브에 결로 발생

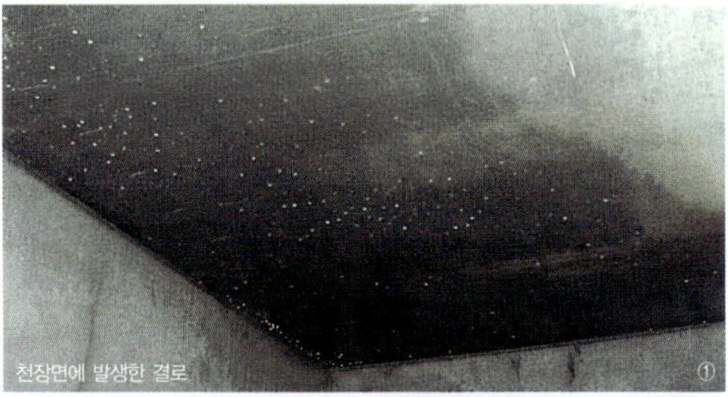

천장면에 발생한 결로 ①

온도 측정 ②

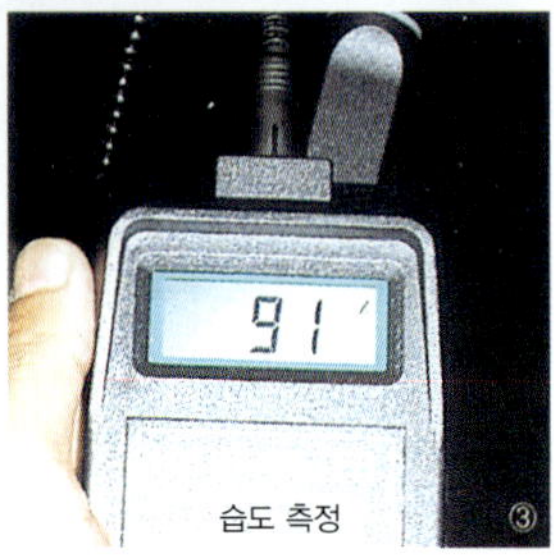

습도 측정 ③

현 상

준공한 지 4개월 된 10층짜리 RC조 사무실 빌딩의 지하창고 부분 천장슬래브에서, 7월 고온다습시(27℃, 85%)에 결로가 대량 발생했다(사진 ①). 지하실의 온도 · 습도를 계측한 결과는 25.7℃, 91%(사진 ②, ③), 결로가 심한 천장의 콘크리트 슬래브 표면온도는 23.9℃였다.

원 인

지하실은 평소 기계환기되고 있으며, 환기에 의한 습기가 유입되고 있다. 또한 1층 테넌트에 편의점이 입주되어 있어 냉케이스 · 냉장고 등이 설치된 하부의 슬래브가 차가워져 결로가 집중적으로 발생한 것으로 여겨진다.

해 결

이번 결로는 장마 때부터 하절기의 습도가 높은 기간 중 며칠 사이에 발생한 것이기 때문에 외기가 고온다습이 되는 시기에는 환기방식을 수동으로 바꾸어 습기가 많을 때에는 환기를 하지 않도록 했다.

대 책

1. 지하실의 결로 대책

지하실 등 천장 · 벽 · 바닥의 표면온도가 낮아지는 부분은 외기의 습도가 높은 장마기와 하절기에 결로가 발생할 가능성이 높다(여름형 결로). 그러므로 제습하지 않고 외기를 실내에 직접 도입하게 되면 바닥 · 벽 등의 저온부에 결로가 발생한다(아래 그림 참조). 따라서 하절기에는 실내외를 나누는 문을 개방하지 않고, 공조기를 가동시키는(공조기가 없을 경우에는 제습기 설치) 등의 대책이 필요하다.

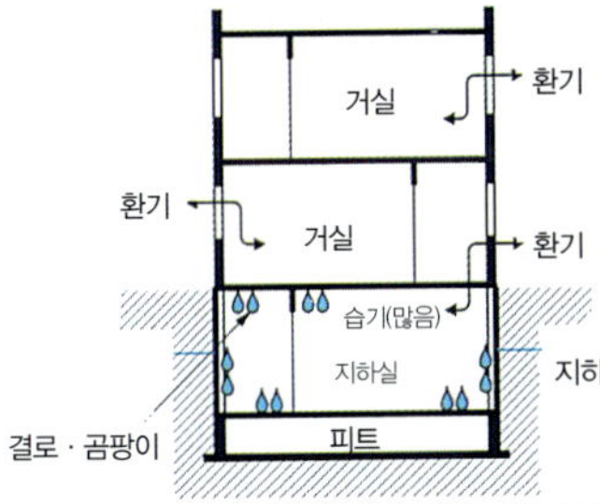

✍ 지하실에서의 여름철 환기(외기도입)는 결로가 생기므로 주의!

여름형 결로

2. 온도와 습도

공기에 포함되어 있는 수분량은 온도에 의해 크게 변화되며, 온도가 높을수록 수증기를 많이 포함할 수 있다(p.122~123의 '대책–결로' 참조).

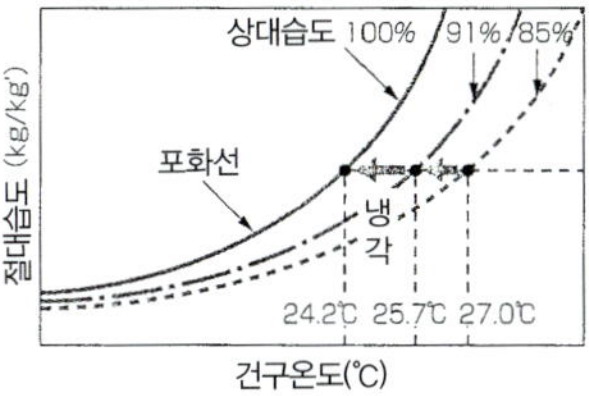

✍ 표면온도가 24.2℃ 이하인 부분은 결로가 발생하므로 주의 !

습공기선도

체 크

대책 2 ☞
사례 36
사례 37
사례 38

❖ 품질관리 포인트

☞ 지하실에는 적절한 결로대책을 강구할 것

- 지하구조체의 방수처리를 꼼꼼히 하여 구조체를 통해 들어오는 습기를 완전히 억제한다.
- 지하구조체는 마감 전에 충분히 건조시킨다.
- 지하피트에 접하는 슬래브는 필요에 따라 단열한다. 또한 보 · 기둥은 히트 브릿지가 되므로 중복단열처리를 한다.

7장 차음 · 소음 대책

1 차음 대비소홀에 의한 소음

사례 40 집합주택 경계벽의 차음성능 저하로 불만 발생

경계벽의 차음성능 측정

현 상

경계벽인 콘크리트벽에 석고보드를 직접붙임(GL공법)한 RC조 집합주택에서, 이웃집의 대화소리와 물건소리가 들린다는 불만이 발생하고, 차음성능이 저하되는 현상이 생겼다.

원 인

공기중에 전달하는 소리(공기전달음)가 벽에 부딪쳐 그 음압에 의해 석고보드가 진동한다. 한편 콘크리트벽도 석고보드를 투과한 음의 음압과 부착용 접착제(GL 본드)를 전달하는 진동에 의해 진동한다. 마찬가지로 벽 반대쪽(이웃집)의 석고보드도 진동한다. 이처럼 서로 다른 진동이 동시에 발생하여 어느 주파수에 이르면 공진되어 그 대역의 차음성능이 저하된 것이다.

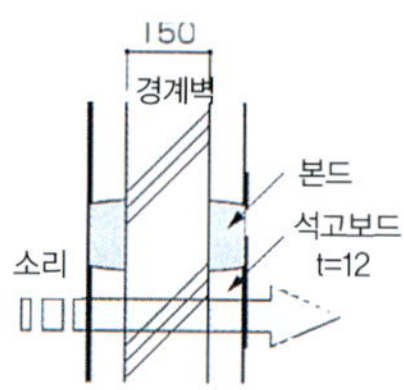

GL 공법

해 결

보드를 떼어내고 경량철골바탕으로 콘크리트벽에서 150mm 이상 떨어뜨려 석고보드벽을 설치했다.

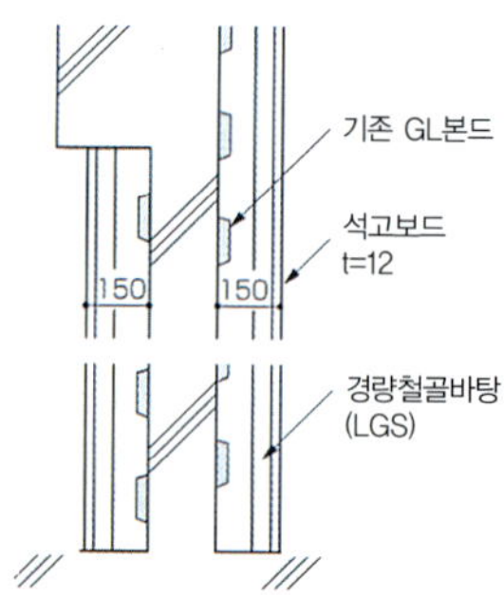

건식공법에 의한 처치

대 책

1. **집합주택의 차음대책**

콘크리트벽 등에 GL 공법에 의한 마감을 하면 250Hz 부근과 4kHz 부근에서 큰 차음결손이 생겨 구조체 표면의 차음성능보다 저하된다. 그 원인은 구조체와 보드 사이의 틈에 의한 공명투과와 GL본드에 의한 진동전달 때문이다.

GL공법은 차음이 필요한 부위에서는 사용하지 않는 것이 바람직하며, 콘크리트 제치장 또는 모르타르 얇은 도장 위에 크로스 직접붙임 마감으로 한다.

2. **단열재를 시공한 경계벽의 차음성능 저하**

경계벽에 단열재를 시공할 경우에는 S1공법* 및 단열거푸집 타입공법으로 해도 주파수 2kHz 부근에서 차음성능이 저하되므로 주의할 것(전화의 전자호출음, 전자알람음 등이 잘 들린다).

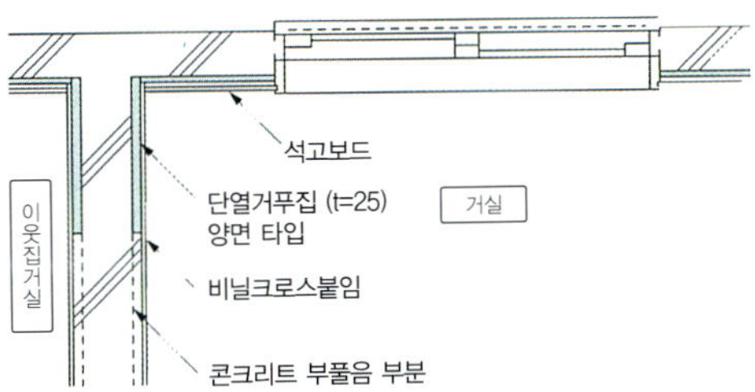

경계벽의 중복단열 부위

체 크

대책 1 ☞
사례 53
사례 54
대책 2 ☞
사례 53
사례 54

*) S1공법 : 폴리우레탄폼 보온판 합지용석고보드를 직접 붙이는 공법. 이 공법에 사용하는 보드를 총칭하여 S1공법이라 한다.

❖ 품질관리 포인트

☞ 경계벽면 마감에는 GL공법으로 하지 말 것
☞ 경계벽 내는 매립배관(급수 · 급탕)에 하지 말 것
☞ 경계벽에 설비배관의 지지를 하지 말 것
☞ 경계벽에 전기 박스를 타입하지 말 것(부득이 타입할 경우에는 박스끼리 떨어뜨려 놓을 것)

2 바닥 울림

사례 41 집합주택의 건식 이동마루 바탕에서의 바닥울림

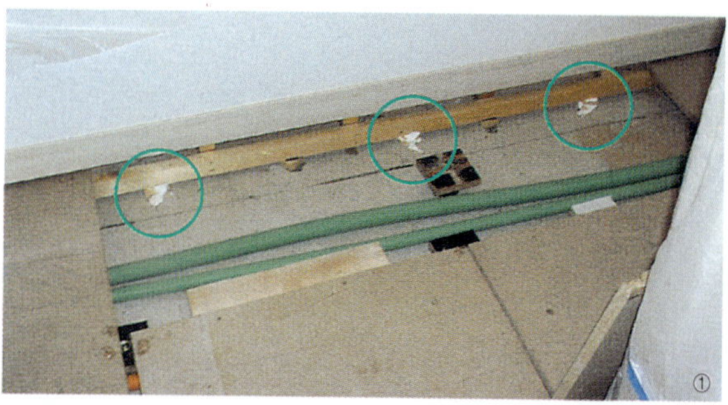

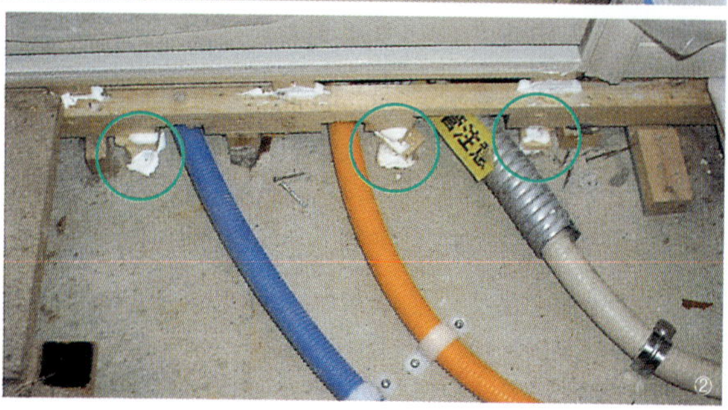

현 상

7층짜리 RC조 집합주택에서 준공 후 2년차 점검시 현관홀에서 복도를 지나갈 때 바닥울림이 발생했다. 1년차 점검시 보수한 곳이었는데 재발한 것이다.

원 인

바닥마감치수가 적은데다가(CL+100), 가장자리 장선 하부의 설비배관이 지나는 부분이 결손되어 있어서 삐걱거리는 소리가 나고 있었다. 또한 1년차 점검시에는 이동마루 상부에서 못질을 하여 보수했었다.

해 결

우선 카펫과 펠트, 바탕합판을 떼어내고 이동마루를 철거시켰다. 그 다음으로 가장자리 장선에 받침목을 추가 설치했다(사진 ①의 ○표시 부분). 또한 세면 탈의실 문틀 하부의 설비배관부에 받침목을 추가 설치했다(사진 ②의 ○표시 부분). 이후 이동마루→바탕합판→펠트→카펫 순으로 재시공했다.

대 책

1. 건식 이동마루의 시공 예

① 칸막이벽 선행공법을 원칙으로 한다(이동마루 위에 칸막이벽을 설치하지 않는다).

② 설비배관이 가장자리 장선을 결손하지 않는 마감치수를 확보한다.

주) 설비배관은 구조체와 직접 접하지 않도록 완충재(고무 등)로 감아서 지지 밴드로 고정한다.

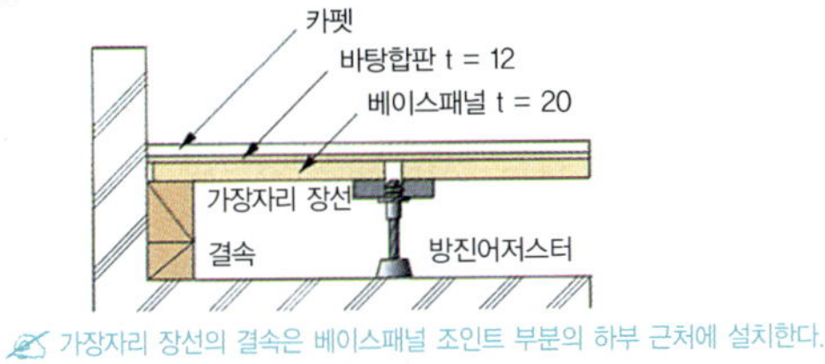

양 실

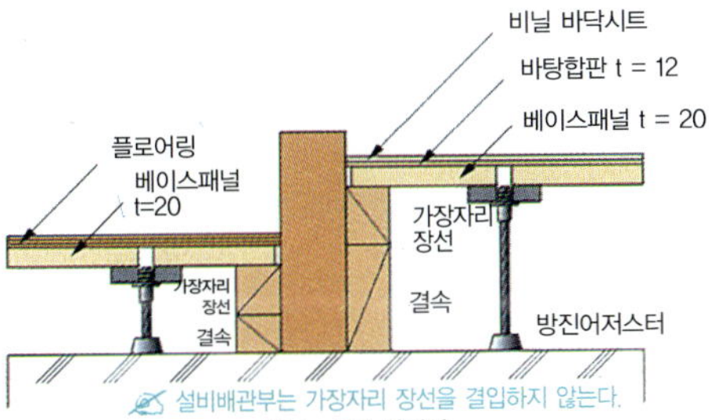

복도 · 세면 탈의실

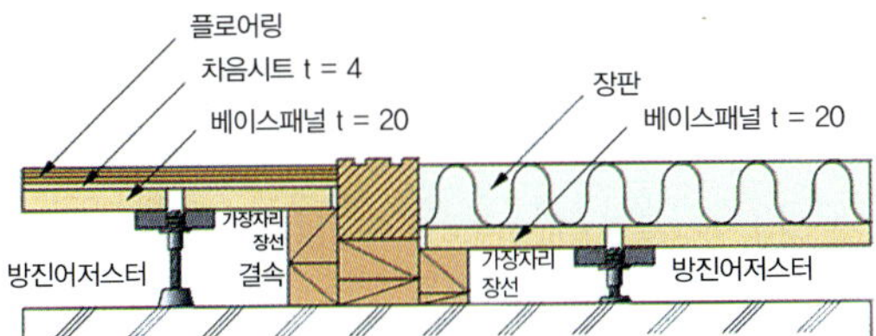

거실 · 일본식 방

❖ 품질관리 포인트

☞ 가장자리 장선은 지정 치수(예 : 45×36mm) 이상, 받침목은 @450 이내로 할 것

☞ 바탕합판은 벽바탕과 직접 접하지 않도록 하고(틈을 둠), 지정 못(스크루 네일 등)으로 고정할 것

☞ 피아노 같은 중량물을 놓을 경우에는 반드시 보강다리(방진 어저스터)를 넣을 것

8장 오염 대책

1 바닥마감재에 스며나온 오염

사례 42 바닥에 칠한 스프레이 페인트가 장척염화비닐시트 표면에 스며나옴

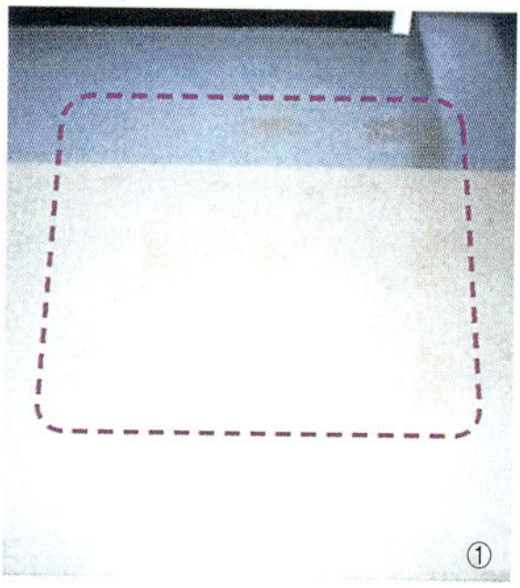

①

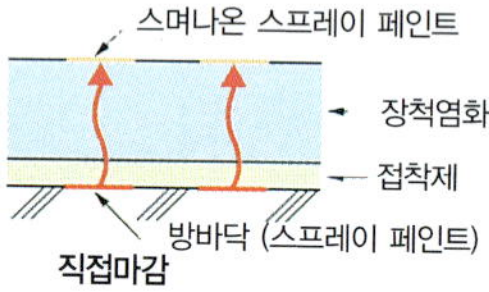

직접마감

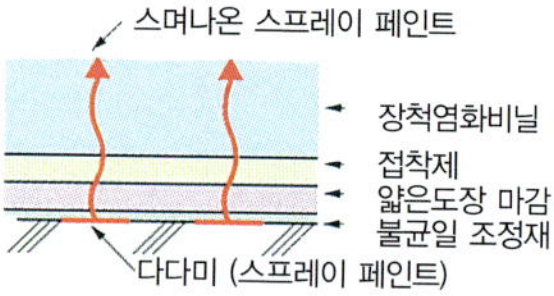

얇은도장 마감

②

현 상

준공한 지 1년 된 10층짜리 RC조 사무실 빌딩으로, 콘크리트 직접마감면에 천장 점검구 위치를 나타내기 위해 칠한 스프레이 페인트가 장척염화비닐시트 표면에 스며나왔다(사진 ①의 점선으로 표시된 부분). 직접마감뿐만 아니라 얇게 도장된 곳에서 불균일을 조정한 바닥의 장척염화비닐시트 표면에도 스며나옴이 확인되었다.

원 인

바닥을 마감하기 전에 바닥의 먹을 스프레이 페인트로 콘크리트 바닥에 쳤지만, 이 먹이 장척염화비닐시트의 접착제와 화학반응을 일으켜 장척염화비닐시트 표면에 스며나오게 된 것으로 여겨진다.

해 결

스프레이 페인트를 모두 제거하고 얇은 도장 조정재로 불균일을 조정한 후 새로운 장척염화비닐시트로 다시 붙였다.

대 책

1. **바닥마감재와 접하는 먹치기 방법**
   ① 스프레이 페인트는 사용하지 않는다.
   ② 바닥의 먹으로 유지계(油脂系) 마커를 사용할 경우에는 칠이 뭉개질 수 있으므로 다량 사용은 피한다.
   ③ 자연스럽게 없어지는 콘크리트 마커를 사용한다(시판품).
   ④ 초크먹을 사용한다.
2. **장척염화비닐시트에 관한 그 외의 불량 사례**
   다짐바닥 콘크리트 바탕에서의 습기 때문에 접착성을 떨어뜨리는 경우가 있다.
   〈현상〉 에멀션계 접착제를 사용했을 경우 다짐바닥 아래에서의 습기 때문에 접착제가 연화되어 차량 등의 주행에 의해 장척염화비닐시트에 주름이 생기는 경우가 있다. 용수피트가 있는 이중슬래브 위에 시공되었을 경우에도 방습처리가 불충분한 경우에는 같은 불량이 발생한다.

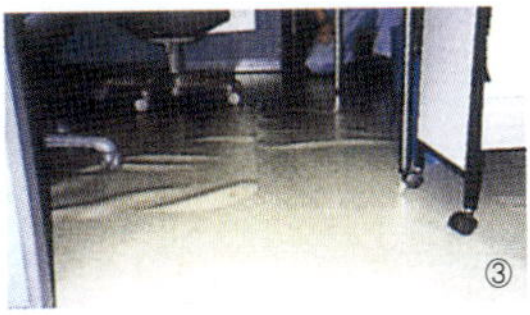
③

   〈대책〉 폴리에틸렌필름에 의한 다짐바닥 아래의 방습대책을 확실히 한다. 또한 확실한 접착성을 확보하기 위해서는 에폭시수지계 접착제를 사용한다.

공법별 접착제의 종류

공 법	주로 사용하는 접착제	특 징
일반공법	고무계 라텍스형	인화성 없음
	아크릴수지계 에멀션형	인화성 없음
	아크릴수지계 에멀션형(환경대응품)	인화성 없음
	용제형 비닐공중합수지계	화기엄금
	에폭시수지	화기엄금
	우레탄수지계	화기엄금
	우레탄수지계(저취 · 저용제형)	가연성 · 화기주의
내수공법	에폭시수지계	화기엄금
저온시공법	용제형 초산비닐계	화기엄금
방치상공법	비닐공중합수지계	화기엄금

일반공법 : 습기의 영향을 받지 않는 표준적인 현장바닥에 적용
내수공법 : 바닥재 시공 후 습기의 영향을 받기 쉬운 현장바닥 및 다짐바닥 · 지하층에 적용
저온시공법 : 동절기 등 시공시의 온도가 10℃ 이하인 시공환경에서 적용
방치상공법 : 바닥재 시공 후의 사용빈도가 적은 장소 및 방치기간이 장기간인 장소에 적용

체 크
대책 2 ☞
사례 46

❖ 품질관리 포인트

☞ 바닥마감재와 접하는 곳에 먹을 치는 경우 스프레이 페인트는 사용하지 말 것. 만일 사용했을 경우에는 마감 전에 확실히 제거해 둘 것
☞ 바닥 아래의 습기에 충분히 주의하고 요구성능에 맞는 접착제를 선정할 것

2 바닥돌 주위의 백화현상에 의한 오염

사례 43 외부계단 돌줄눈의 백화현상

현 상

준공한 지 2년 된 18층짜리 SRC조 복합빌딩으로, 외부계단의 돌붙임면 줄눈에서 백화(에플로레센스)가 흘러나와 노면과 단높이면에 부착되어 마치 오염된 것처럼 눈에 띄게 되었다.

원 인

노면의 줄눈끊김 부분으로 들어온 빗물의 배수가 나쁘고, 레벨이 낮은 쪽의 줄눈이 서서히 빗물에 잠겨 줄눈 모르타르의 칼슘분이 용출되면서 백화가 흘러나온 것이다.

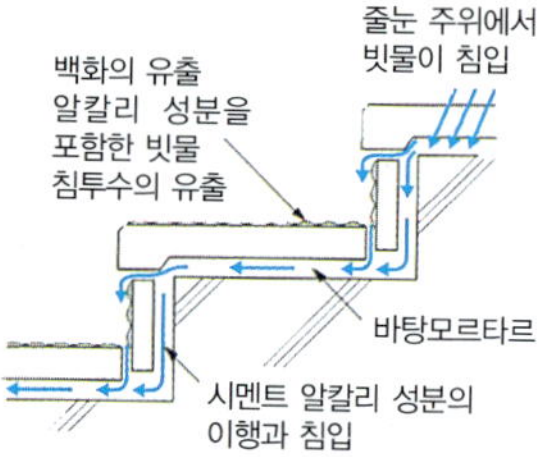

백화의 유출상황

해 결

줄눈에서 빗물이 흘러나오지 않도록 줄눈에 실링처리를 하고, 침입한 빗물의 배수를 좋게 하기 위해 돌줄눈의 바닥부분을 공동(空洞)으로 하여 물을 유도하고 계단 최하부의 측구로 배수되게 했다. 그 다음에 백화를 제거하고 1~3개월 동안 백화가 더 이상 나오지 않음을 확인한 후에 돌면을 클리닝하여 코팅마감을 했다.

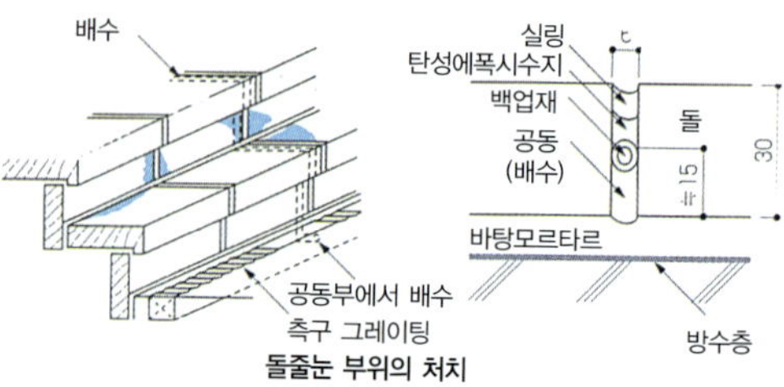

돌줄눈 부위의 처치

대 책

1. 1차 백화[*1]의 예방조치
   ① 물시멘트비에서 물의 양을 최소한으로 억제한다.
   ② 수산화칼슘을 불용성 상태로 하여 마감재 표면에 백화가 나타나지 않도록 모르타르 경화 공정을 천천히 한다. 단, 이 방법은 옥외에서는 시트양생을 필요로 한다.
2. 2차 백화[*2]의 예방조치
   ① 외부계단이기 때문에 물이 들어오는 것을 피할 수는 없지만 체류하지 않도록 빠져나갈 구멍을 만들거나 백화를 방지하기 위해 마감재 안쪽에 물이 들어오지 않도록 검토한다.
   ② 도포형 백화방지제를 사용했을 경우 몇 년 간격으로 다시 칠해줘야 하므로 주의할 것
3. 바닥돌 주위에 관한 그밖의 불량 사례

〈현상〉 준공한 지 8년 된 12층짜리 RC조 사무실 빌딩으로, 호우에 의해 1층 통로의 바닥돌붙임(어영석) 아래에 빗물이 들어와 스며들게 되어 얼룩진 것처럼 되었다. 또한 외부 새시 아래틀과 바닥돌과의 접합줄눈 실링이 열화로 박리되었고, 외부 새시 아래틀의 치올림 모르타르면의 도포방수 처리도 완벽하게 되어 있지 않았다. 외부 바닥마감면과 내부의 단차가 없었기 때문에 빗물이 들어온 것이다.

바닥돌의 얼룩현상

〈대책〉 외부측 새시 아래틀 부분의 타일을 철거해 내고 새시 아래틀 부분을 도포방수로 처리한 후, 타일 복구와 접합실링을 다시 했다. 또한 내부 바닥돌 표면을 세정한 후 표면에 코팅재를 도포했다.

체 크
대책 1 ☞ 사례 44
대책 2 ☞ 사례 6
대책 3 ☞ 사례 2
사례 5
사례 10
사례 14

*1) 1차 백화 : 콘크리트나 벽돌, 천연석 등의 표면 또는 모르타르 줄눈 등에 내재하는 수산화칼슘이 재료 내의 물에 용출되어 불용해성 탄산칼슘으로 변화하여 생긴 것
*2) 2차 백화 : 비나 습기 · 결로의 침입에 의해 생긴 것

❖ 품질관리 포인트

☞ 백화를 방지하기 위해서는 외부계단에 들어온 물이 체류하지 않도록 빠져나갈 구멍을 만들거나 마감재 안쪽에 물이 들어오지 않도록 마무리를 검토할 것
☞ 바닥마감면의 조인트 부분에는 방수처리를 검토할 것
☞ 외부 새시 아래틀의 접합부분에 대해서는 누수대책을 검토할 것

3 바닥 타일 주위의 백화현상에 의한 오염

사례 44 루프 가든 바닥타일면의 백화 발생

현 상

준공한 지 5년 된 12층짜리 SRC조 복합빌딩으로, 루프가든 바닥 타일면에 백화(에플로레센스)가 발생했다. 루프가든 바닥의 마감은 구조체 슬래브 위에 아스팔트 방수, 신더 콘크리트, 클링커 콘크리트 붙임으로 되어 있다. 루프가든 수상에는 화단이 있어 수목에 늘 물을 뿌리고 있었는데, 화단 내부에는 방수시공을 하지 않았다.

원 인

1. 루프가든의 화단 치올림이 나중치기 시공이며, 화단 내에는 방수시공을 하지 않아서 살수된 물이 바탕모르타르 및 보호콘크리트에 침입했다.
2. 화단에 뿌리는 살수량이 많았다.
3. 바탕모르타르 및 보호콘크리트는 아스팔트 방수층에 있으며, 침입된 물은 윗면의 타일쪽에서만 증발되는 마무리로 되어 있었다.
4. 루프가든 바닥면의 물구배가 작기 때문에 용출된 백화가 체류하기 쉬운 환경에 있으며 바닥면에 남게 되었다.

해 결

화단에 살수한 물이 루프 가든 바닥타일 안쪽으로 침입하지 않도록 화단 내에 방수시공을 하기로 했다. 보수 순서는 다음과 같다(p.99 '대책 4' 참조).

① 수목 · 객토의 일시철거 가적치
② 화단 내의 청소 및 건조
③ 화단 내 파라텍스 도포 방수시공
④ 식재 복구
⑤ 타일면의 백화 제거, 기타 청소 등

대 책

1. **백화방지의 설계상 대응**
   ① 벽이나 바닥마감 안으로 물이 침입되는 마무리를 피한다.
   ② 벽면에 국부적인 수로가 생기지 않도록 적절한 돌출물과 물끊기를 설치한다.
   ③ 두겁대 등은 방수시공을 한다.
   ④ 재료간의 조인트는 가장 약점이 되므로 방수처리를 한다.
2. **백화방지의 시공상 주의점**
   ① 타일이나 벽돌공사에 사용하는 모르타르의 시멘트량을 적게 함으로써 백화발생량을 다소 억제할 수 있다.
   ② 벽이나 바닥마감 바탕을 시공할 때에는 공극이 적은 밀실한 바탕을 만들도록 주의한다.
3. **백화발생 후의 대응**
   백화가 발생했을 경우에는 맑은 물로 씻어내거나 연마제를 사용하여 기계적으로 제거하고, 제거하기 어려운 경우에는 희석염산(희석염산은 금속부재를 부식시키므로 사용할 때는 양생이 필요함)을 사용한다.
   백화를 제거해도 근본적인 발생원인을 없애지 않는 한 반드시 재발하게 되므로 주의!
4. **사례 44의 불량 단면도와 처리 후의 마무리도**

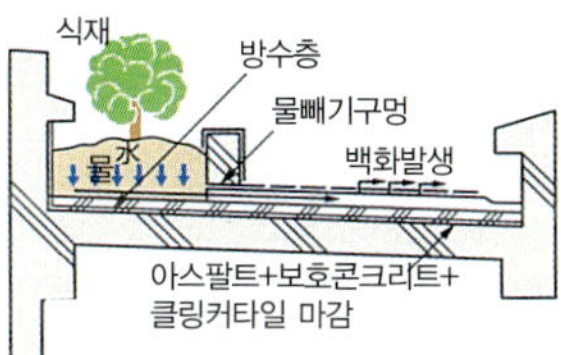

화단 주위의 마무리 (불량 예)

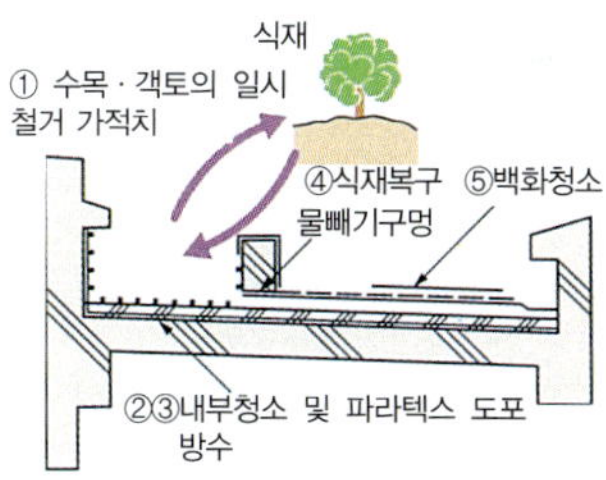

화단복구 후의 마무리

체 크
대책 1 ☞ 사례 43
대책 2 ☞ 사례 6
대책 3 ☞ 사례 6
사례 43

❖ 품질관리 포인트

☞ 백화를 방지하기 위해서는 마감재 안으로 수분이 들어오지 못하도록 하는 것이 중요하며, 설계 · 시공 양면에서의 검토를 할 것
☞ 재료의 조인트 부분에는 방수처리를 할 것

4 외장 패널의 줄눈 주위에 발생한 오염

사례 45 실리콘계 실링재가 줄눈 주위에 오염을 발생

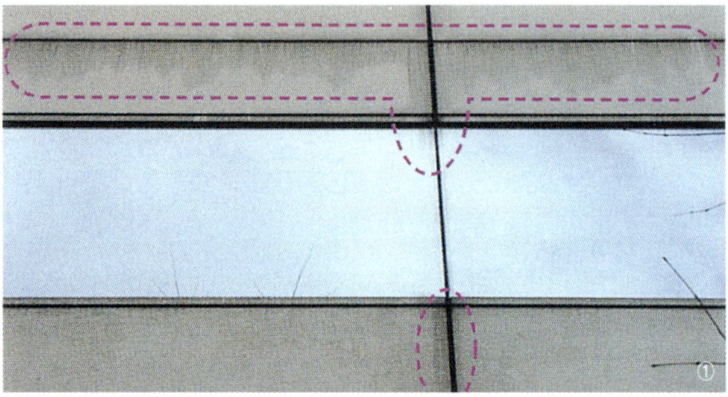

현 상

준공한 지 5년 된 9층짜리 RC조 사무실 빌딩으로, 외벽 패널의 줄눈 주위에 심한 오염이 확인되었다. 준공 후 몇 개월간은 오염범위가 줄눈 주변으로 한정되어 있었지만, 이후 서서히 오염범위가 넓어졌다.

원 인

유리누름 실리콘계 실링재 표면에서 실리콘 오일(저분자 시로키산 환상체)이 줄눈 주변에 흘러나와 공기중의 매연과 먼지 등의 오염이 부착되었다. 이러한 오염을 '도시형 오염'이라 하며, 실리콘 오일의 용출은 전파, 침투, 비산, 외력(비)에 의한 이행의 4가지 메커니즘으로 이루어진다.

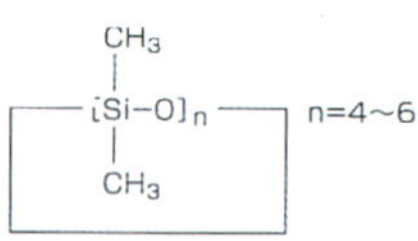

저분자 시로키산 환상체

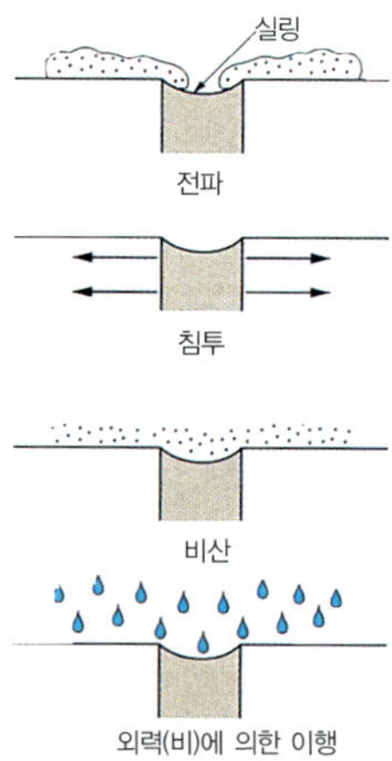

실리콘 오일 용출의 메커니즘

해 결

줄눈 주변의 오염을 씻어내서 제거한 후 실링재 표면에 오염방지제를 도포했다.

대 책

1. **오염방지제 도포**

오염방지제는 3~5년 간격으로 재도포하는 등의 관리가 필요하며, 실리콘계 실링재를 시공할 경우에는 오염될 곳을 미리 예상하여 오염방지제를 도포할 것

2. **실링재의 대체안 제안**

실리콘계 실링재를 대신하는 재료로, 폴리이소부틸렌계 실링재(PIB)를 채용한다. 같은 재료를 사용할 때에는 바탕재와의 접착성을 좌우하는 프라이머와의 상관성이 중요하므로 사전 확인이 필요하다.

주요 실링재의 특징 비교

		실리콘계	폴리이소부틸렌계	변성실리콘계	폴리설파이드계
		SR-2	IB-2	MS-2	PS-2
미관	줄눈주변	×	◎~O	O	◎~O(◎)
	줄눈표면	×	O	△	◎~O(◎)
동적 피로성		◎	◎~O	O	O~△(△)
작업성		△	O	◎	O(O)
경제성		△	△	O	O(O)

3. **외벽을 빗물에 의한 오염으로부터 지키는 물끊기 방법**

사진 ②는 물끊기 단부에서 자주 볼 수 있는 벽면의 오염이다. 외벽의 오염은 강우시의 빗물 유도방향에 크게 영향을 주므로 충분히 검토할 필요가 있다.

물끊기로부터의 오염

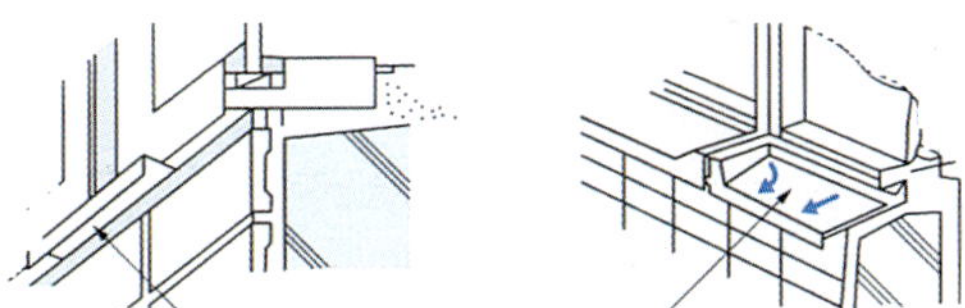

오염방지를 배려한 물끊기의 설치 예[20]

체 크

대책 2 ☞
사례 2

❖ 품질관리 포인트

☞ 실리콘계 실링재의 사용은 유리만으로 할 것

☞ 실리콘계 실링재의 대체품으로는 폴리이소부틸렌계 실링재(PIB)를 채용할 것. 이때 바탕재와의 접착성을 좌우하는 프라이머와의 상관성에 주의할 것

☞ 외벽을 빗물에 의한 오염으로부터 지키는 물끊기 방법에 대해 충분한 검토를 할 것 (상기 '대책 3' 참조).

1 바닥마감재에서 발생하는 악취

사례 46 1층 사무실 바닥타일 카펫에서의 악취 발생

현 상

준공한 지 3년 된 10층짜리 RC조 사무실 빌딩 1층에서, 타일카펫 부분에 악취가 발생하여 입주자가 컨디션 이상을 호소했다. 다짐바닥 콘크리트 바닥면에 깔린 타일카펫 안쪽 면의 점착성 때문에 발생한 악취였다.

원 인

필업[*1]성 접착제(아크릴수지계)에 타일카펫의 PVC(폴리염화비닐) 패킹에 사용된 가소재가 이행하여 다짐바닥 콘크리트 아래에서의 알칼리 습기와 반응하여 자극성 있는 알코올 냄새(에틸헥사르)가 발생한 것으로 여겨진다.

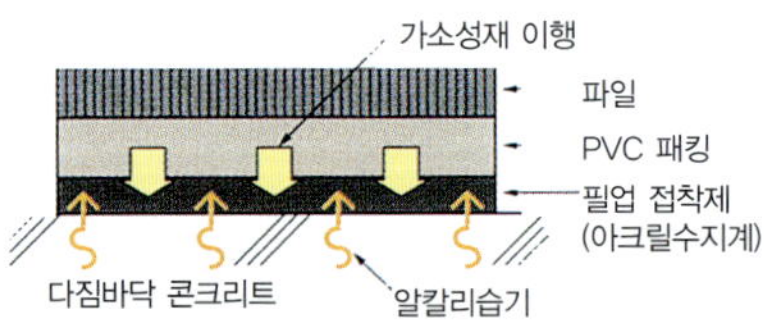

일반 타일카펫

가소재가 이행하여 알칼리습기와 반응하기까지는 시공 후 1~5년 정도

해 결

악취가 발생한 사무실의 사용자에게 일시적으로 이동 조치를 하고 콘크리트 면에 남아 있는 접착제를 모두 제거한 후에 가소재를 포함하지 않는 에코타입(비PVC계)의 타일카펫을 재시공했다.

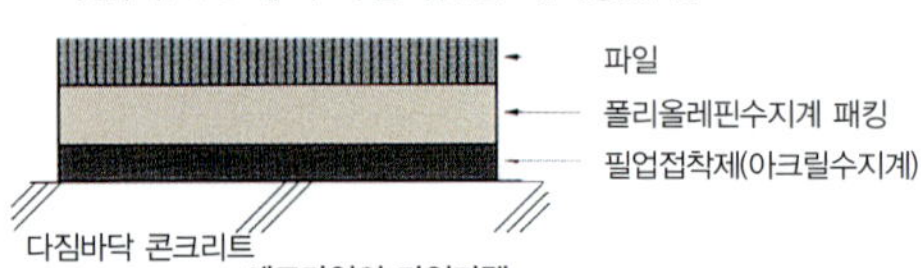

에코타입의 타일카펫

대 책

1. 습기환경에 사용하는 건재

습기가 많은 곳이나 환기불량으로 결로가 발생하기 쉬운 곳, 다짐바닥 콘크리트부에는 가소재를 포함한 건재의 사용을 피한다. 부득이하게 사용해야 하는 경우에는 계획 · 설계 단계에서 다음과 같은 배려가 필요하다.

① 에코타입의 것을 사용　② 반응형 접착제 사용
③ 에폭시코팅 등(방습대책)　④ 방습시트 사용

2. 아크릴수지계 필업 접착제

콘크리트 표면 함수율이 8% 이하인 경우에 사용한다. 10%를 넘는 경우에는 공사감리자 및 업체와 협의하여 대응할 것. 또한 콘크리트 건조가 느린 데크슬래브 콘크리트도 사례 46과 같은 불량 예가 보고되고 있어서 건조양생기간을 충분히 잡을 필요가 있다.

3. 접착제 선정

새집증후군*2에 대한 대책으로 바닥마감재용 접착제 선정에 충분한 주의가 필요하다. 행정상의 VOC 대상물질과 지침수치를 확인할 것

휘발성유기화합물(VOC) 규제제품 및 물질

휘발성유기화합물 규제제품 및 물질을 다음과 같이 개정함(환경부고시 2004-141호 : '04. 9. 18)

제품 및 물질명			
아세트알데히드	클로로포름	메틸에틸케톤	아세트산(초산)
아세틸렌	사이크로헥산	메틸렌클로라이드	에틸벤젠
아세틸렌 디클로라이드	1, 2-디클로로에탄	엠티비이(MTBE)	니트로벤젠
			톨루엔
아크롤레인	디에틸아민	프로필렌	테트라클로로에틸렌
아크릴로니트릴	디메틸아민	프로필렌옥사이드	
벤젠	에틸렌	1, 1, 1-트리클로로에탄	자일렌(o-,m-,p포함)
1, 3-부타디엔	포름알데히드		스틸렌
부탄	n-헥산	트리클로로에틸렌	
1-부텐, 2-부텐	이소프로필 알콜	휘발유	
		납사	
사염화탄소	메탄올	원유	

체 크

대책 1 ☞ 사례 42
대책 3 ☞ 사례 28
대책 4 ☞ 사례 42

4. 에코타입(비PVC계)의 타일카펫

에코타입(비PVC계)인 폴리올레핀수지계 패킹재를 사용한 타일카펫이면 문제가 없다.

*1) 필업 : '필'이란 벗겨낸다는 의미. 타일 카펫처럼 벗겨내는 것을 목적으로 하는 시공방법을 가리킴.

*2) 새집증후군(SHS) : 접착제나 건재에서 발생하는 화학물질에 의한 실내공기오염을 가리킴

❖ 품질관리 포인트

☞ 바닥마감재에서 발생하는 악취를 막기 위해서는 다음과 같은 습기환경에 대한 대응책 중에서 시공 가능한 것을 적극적으로 채용할 것

① 에코타입 사용　② 반응형 접착제 사용
③ 에폭시 코팅 등　④ 방습시트 사용

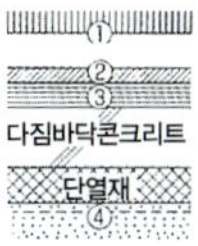

2 집합주택의 발코니에서 발생한 악취

사례 47 집합주택의 통기 벤드캡에서 악취 발생

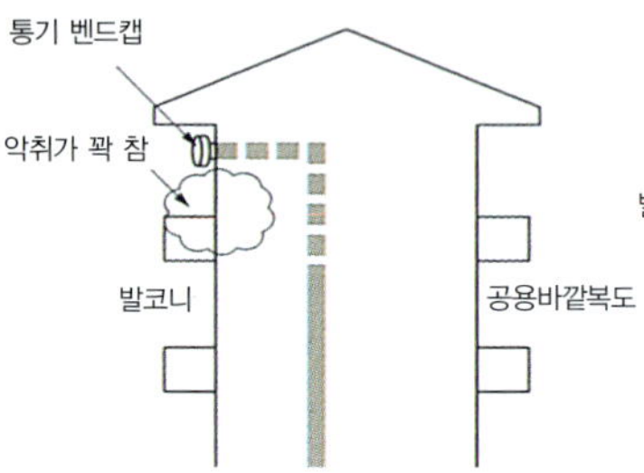

박공지붕 타입

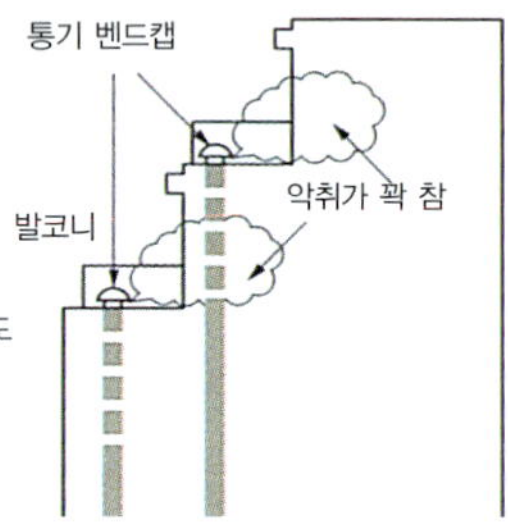

세트백 타입

현 상 준공한 지 2년 된 10층짜리 RC조 집합주택으로, 입주자로부터 발코니 부분에서 냄새가 난다는 불만이 발생했다(사진 ①). 또한 준공한 지 6개월 된 8층짜리 RC조 집합주택에서도 같은 불만이 발생했다(사진 ②). 이들 모두 발코니 부분에 배수관의 주름형 통기 벤드캡이 있었다.

원 인 사진 ①, ② : 발코니 부분에 통기 벤드캡을 설치한 것이 악취 사고의 원인이었다(좌우 그림 참조). 집합주택의 형태에 따라 최상층 지붕까지 통기관을 치올리기 어려워 발코니 또는 그 부근에 통기 벤드캡을 설치하여 악취 사고의 원인이 되고 있다.

해 결 박공지붕 타입은 통기 벤드캡을 처마쪽 벽면으로 옮기고, 세트백에 대해서는 통기 벤드캡을 통기밸브*로 변경했다(p.105 '대책 1' 참조).

대 책

1. 배관 등의 설치 위치와 악취 대책

박공지붕 타입과 세트백 타입의 집합주택에서는 악취가 발생하기 쉬우므로 설계 · 시공 각 단계에서 충분한 통기의 개방위치와 악취에 대한 대책을 검토할 것

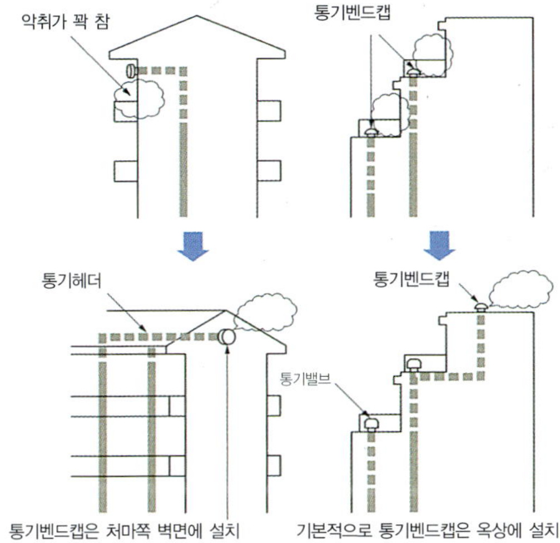

박공지붕 타입 세트백 타입

2. 배관 등 설치에 관한 그 밖의 주의사항

① 박공지붕 타입에서는 통기밸브를 지붕 속에 설치하는 경우가 있는데, 이때 반드시 점유부분을 점검해야 하며 밸브 작동음이나 유수음이 침실에 영향을 주지 않도록 충분히 배려할 것

② 통기벤드캡과 통기밸브의 설치 위치에 대해서는 발주(업)자가 주택 구입자에게 미리 설명하도록 하여 판매용 도면에 위치를 명시해 둘 것

③ 통기밸브를 설치할 경우에는 점검이 용이한 장소에 설치할 것

체 크

대책 1 ☞ 사례 8
대책 2 ☞ 사례 8

*통기밸브 : 통기관 내 공기압의 차이와 가동반의 자중에 의한 자연력을 이용해서 작동한다. 악취의 유출방지 장치

❖ 품질관리 포인트

☞ 설계 · 시공 각 단계에서 통기의 개방 위치와 악취에 대한 대책을 신중히 검토할 것

☞ 박공지붕 타입에서 지붕 속에 통기밸브를 설치할 경우에는 밸브 작동음이나 유수음이 침실에 영향을 주지 않도록 충분히 배려할 것

10장 기타 클레임 대책

1 압축 · 열팽창에 의한 알루미늄 새시의 문틀모서리 변형

사례 48 알루미늄 새시의 문틀모서리가 구부러져 창의 개폐 불가능

현 상

준공한 지 6년 된 10층짜리 RC조 사무실 빌딩으로, 2층 동면의 붙박이 · 미세기 2중창 · 붙박이의 알루미늄 새시 4연창 중 2중창의 연결창 부분에 문틀모서리가 구부러져(사진의 ○표시 부분) 개폐가 어려워지고 잠금장치를 채울 수 없게 되었다. 문틀의 길이는 1,170mm, 최대 변위량은 20mm였다.

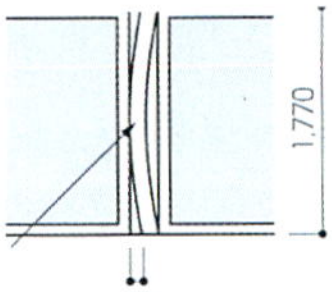

원 인

1. 상부구조체의 변형(크리프현상)에 의해 압축을 받았다.
2. 기둥 사이(L=6,000mm 이상, 사진)나 돌출 슬래브 아래 또는 슬래브 아래에 직접 알루미늄 새시를 설치했다.

해 결

알루미늄 새시 주위의 마감재를 벗기고 문틀을 제거하여 짧은 문틀로 교체했다. 이때 문틀 상부에 완충재(깊이 10mm, 길이 300mm)를 설치한 후 채움 모르타르를 시공했다. 완충재는 모르타르와 접착성이 좋고 적절한 탄성이 있는 것을 사용하며, 앵커는 문틀 상부를 피해 150mm 이상 떨어진 위치에 부착했다.

대 책

1. 앵커 부착시의 주의사항

① 문틀에 앵커를 부착하는 경우에는 루스 구멍이 있는 철물을 사용한다.

② 앵커를 직접 문틀에 부착하는 것이 아니라 반드시 문틀에서 150mm 이상 떨어뜨려 창틀에 부착한다.

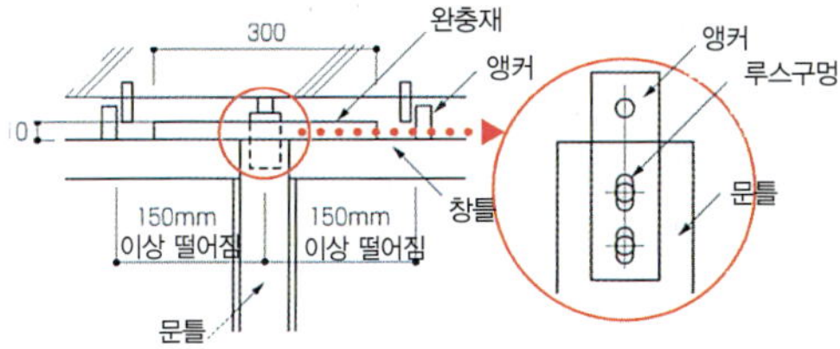

완충재와 앵커 위치　　　문틀 부착용 앵커

2. 완충재 사용

문틀 상부에 완충재를 설치하여 문틀 속까지 모르타르가 채워지지 않도록 새시에 모르타르 막음을 붙인다.

3. 새시 만곡(δ) 예상도

새시 만곡 예상도는 단순보에 등분포하중을 작용시켜 한쪽의 지점이 수평이동한다는 견해

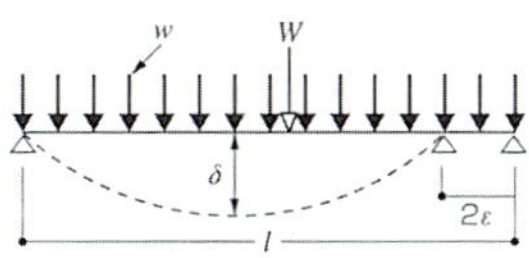

새시 만곡 예상도

새시 문틀의 길이(ℓ)가 200cm, 새시 문틀의 휘어짐 등에 의한 수축(2ε)이 0.05cm였을 경우, 새시 문틀의 만곡(δ)은 2cm이다.

$$2\varepsilon = \frac{8}{3} \times \frac{\delta^2}{\ell}$$

체 크

대책 3 ☞
사례 5

보의 길이 ℓ, 중앙부의 최대휨 δ, 수축대 2ε의 상대관계표[21]

δ \ ℓ	100cm	150	200	250
1cm	0.03	0.02	0.01	0.01
2	0.11	0.07	0.05	0.04
3	0.24	0.16	0.12	0.10

주) 소수점 셋째자리에서 반올림

❖ 품질관리 포인트

☞ 문틀 상부에 모르타르와 접착성이 좋고 적절한 탄성이 있는 완충재를 설치하여 알루미늄 새시에 모르타르 막음을 시공할 것

☞ 문틀에 앵커를 부착할 경우에는 루스 구멍이 있는 철물을 사용할 것

☞ 문틀에 직접 앵커를 설치하지 않는다. 반드시 문틀에서 150mm 이상 떨어뜨려 창틀에 설치할 것

2 망입유리의 열깨짐

사례 49 톱라이트 망입유리의 열깨짐

현상 준공한 지 2년 된 3층짜리 RC조 스포츠시설로, 톱라이트의 복층유리를 구성하는 망입유리에 균열이 발생했다. 균열은 유리 하단부터 위로 올라가는 형태로 나 있었다.

원인 망입유리의 철선 절단부에 생긴 녹이 커지면서 체적팽창이 일어나 크랙이 발생했다. 그 결과 망입유리의 열깨짐을 유발한 것으로 여겨진다.

해결 유리 마구리에 대한 결로수 침수를 피하기 위해 부틸 테이프와 알루미늄 테이프로 보호하고 새시 아래틀에 물빠짐구멍을 설치했다.

대 책

1. 복합유리의 열깨짐 계산

고온다습한 부위에 망입유리를 구성재로 하는 복층유리를 사용하는 경우 일반적으로 열깨짐 등의 강도계산을 하기 위해 업체와 사전에 협의할 필요가 있다.

2. 마구리 철망부의 녹방지 · 열화방지 대책

외부에서 들어오는 빗물뿐만 아니라 실내측의 결로수에 대해서도 지수성 · 배수성(경로와 능력)이 높은 새시 마무리 · 새시 형상으로 하고, 유리 마구리 및 그 접합부는 조건에 맞는 고온다습 사양의 처치를 한다. 일반적인 처치범위로는 하변 마구리 및 세로 마구리의 하단에서 1/4 높이까지 처치한다.

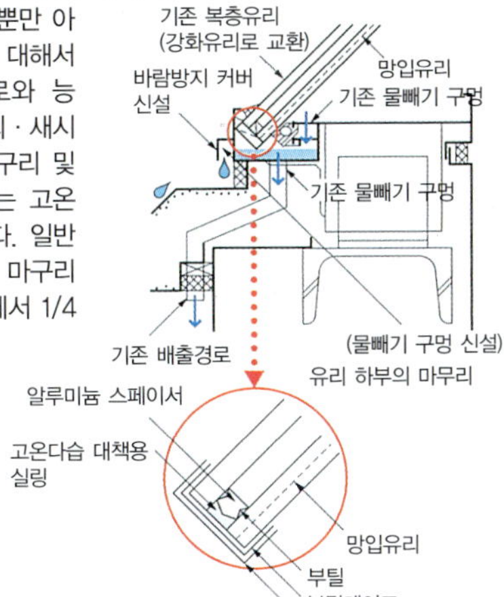

마구리접합부 처리 예 (고온다습 시방)

3. 망입유리의 열깨짐에 관한 그 외의 불량 사례

〈현상〉 준공한 지 6년 된 RC조 학교시설(강당)에서 붙박이(t = 8mm의 열선흡수)창 유리가 열에 의해 깨졌다. 조사 결과 동쪽 유리에 차광커튼을 나무 테두리에 고정시켰기 때문에 커튼과의 이격거리가 6cm 밖에 안 되고, 유리의 특성(열선흡수)도 있어 열깨짐을 일으킨 것이다.

〈대책〉 열선흡수유리 사용시에는 유리의 안쪽에 최저 10cm 정도의 공기층을 만든다. 공기량이 충분히 잡히지 않는 경우에는 업체에 열깨짐에 대한 검토를 의뢰한다.

체 크

대책 2 ☞
사례 38
사례 39

❖ 품질관리 포인트

☞ 고온다습한 부위에 망입유리를 구성재로 하는 복층유리를 사용하는 경우에는 일반적으로 열깨짐 등을 계산함과 동시에 마구리철물부의 녹과 열화에 대한 방지대책을 마련할 것

☞ 건물 사용자에게 커튼이나 블라인드의 설치, 열선반사필름이나 포스터 부착은 망입유리의 열깨짐을 일으킬 가능성이 있다는 것을 충분히 설명한다.

3 현장발포우레탄의 2차 발포

사례 50 2차 발포의 영향에 의해 벽보드의 팽창 발생

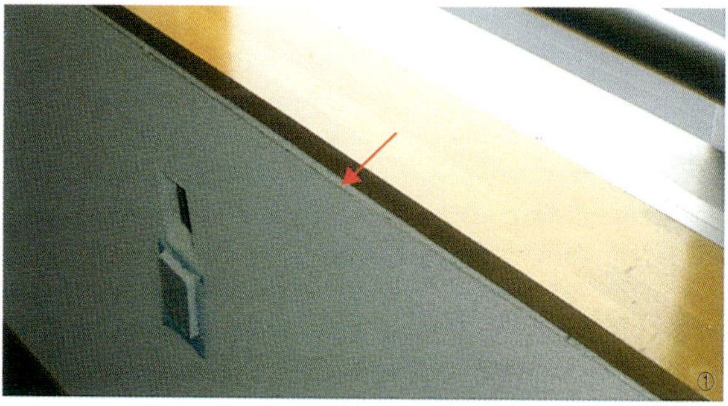

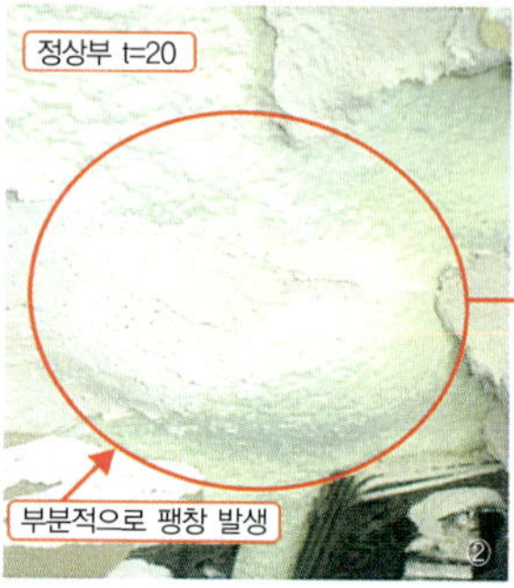

현 상

준공한 지 6개월 된 10층짜리 RC조 집합주택으로, 현장발포우레탄의 2차 발포시 창틀 아래의 내장보드를 압출하여 팽창 피해가 발생했다(사진 ①의 →표시 부분). 동 주택 47호 중 피해가 있는 곳은 한 집뿐이었다.

원 인

이번 사례는 시공시 이소시안산염 성분이 많은 폼이 형성되어 이후 폼에 대한 습기 등의 영향으로 2차 발포현상이 일어난 것으로 여겨진다. 발포기의 온도조정이 불충분할 경우 그 영향으로 혼합 밸런스의 이상을 일으킬 가능성이 있다.

또한 시공 당시의 계절 · 기후를 조사한 결과 비가 오는 1월이었던 것으로 판명되었다.

해 결

2차 발포에 의한 클레임은 입주 후에 발생하는 경우가 많다. 가구를 이동시키고 주변을 양생한 다음 불량한 곳의 마감재 모두와 발포우레탄을 철거해 내고 재시공했다. 작업은 며칠 동안 계속되었다.

대 책

1. 현장발포우레탄을 시공하기 전에 확인해야 할 사항

① 사용재료에 대해서

사용재료는 계절에 따라 배합·조정함으로써 밀시트에서 상품명, 보증기간을 확인할 것

② 사용기기에 대해서

발포기의 에어호스 온도 및 압력제어 장치의 작동을 확인할 것

③ 시공환경

특히 구체 표면에서 발포되기 때문에 표면온도는 0℃ 이상, 표면 함수율은 8% 이하로 시공할 것

2. 혼합밸런스 이상을 일으키는 요인

① 시공시의 환경

비가 오거나 습도가 높아 구체에 습기가 있는 경우는 정상 혼합비로 뿜어 붙인 원액이라도 구체에 있는 수분의 영향으로 반응할 때 혼합밸런스 이상을 일으킬 가능성이 있다.

② 발포기의 불량

발포기의 에어호스 온도는 40℃로 설정되는데, 설정온도가 낮으면 2액 폴리올 성분과 이소시안산염 성분의 토출압력 밸런스가 깨지거나 발포기의 에어압력 부족에 의한 교반 불량의 원인이 되어 사례 50과 같은 문제를 일으키게 된다. 2액의 밸런스 이상은 10%가 허용범위인데, 일반적으로는 발포기의 제어장치가 작동하여 언밸런스한 상태로 장시간 시공되는 일이 없기 때문에 광범위한 불량은 발생하지 않는 것이 보통이다.

경질폴리우레탄폼 발포기

체 크

대책 1 ☞
사례 37
사례 38

주) 업체에 따라 시공기술자의 기술 향상을 위해 우레탄폼의 기초지식과 사용기기의 메인터넌스, 시공기술, 안전·위생지식 등의 습득을 목적으로 한 강습회를 실시하고 있다.

❖ 품질관리 포인트

☞ 사용재료와 사용기기의 관리 및 시공환경의 확인이 가장 중요하다.

① 시공환경 : 구체 표면온도 0℃ 이하, 표면함수율 8% 이상은 불가

② 사용재료 : 계절에 따라 배합조정하기 때문에 밀시트로 상품명, 보증기간을 확인한다.

③ 사용기기 : 발포기의 에어호스 온도 및 압력제어 장치의 작동을 확인한다.

4 태풍의 영향으로 처마반자 파손

사례 51 태풍의 영향으로 처마반자 파손

①

②

현상

준공한 지 7년 된 6층짜리 RC조 사무실 빌딩으로 태풍이 지나가면서 캐노피의 처마반자보드가 파손되어 날아갔다. 피해가 있던 날은 순간최대풍속 33m/s의 강풍이었는데, 주변 건물은 태풍 피해를 입지 않았다.

원인

캐노피의 처마반자 바탕재에 내부시방 재료를 사용하고 있었다. 태풍 통과 시의 피해이며, 현지에서의 풍속 및 풍향은 추측할 수 없으나 꽤 강풍이었던 것으로 여겨진다. 설계도에는 외부시방에 관한 특별사항이 기재되지 않았다.

해결

불량 개소를 외부시방재료로 다시 시공했다. 보수 전(19형 사용)과 보수 후(25형 사용)의 사용재료를 다음 표에 나타낸다.

반자틀 등의 종류[22] (mm)

부재 \ 종류	19형	25형
싱글 반자틀	25×19×0.5	25×25×0.5
더블 반자틀	50×19×0.5	50×25×0.5
반자틀받이	38×12×1.2	38×12×1.6
반자틀받이 행거	두께 2.0 이상	
크리프	판두께 0.6 이상	판두께 0.8 이상
달대볼트	구조나사, 나사산지름 9.0(원통부 지름 8.1 이상)	
너트	높이 7.7 이상	

주) 반자틀은 슬릿부착을 제외한다.

처마반자의 파손과 비산은 태풍시뿐만 아니라 2~3월에 불어오는 강한 남풍에도 종종 발생하는 사고이다. 불량 발생 후의 수정작업은 외부 비계가 필요하며 대공사가 되기 쉽다.

대 책

1. **천장바탕재의 외부시방** 풍압의 검토가 중요

외부에서는 25형을 사용한다(p.112의 '처치' 표 참조).

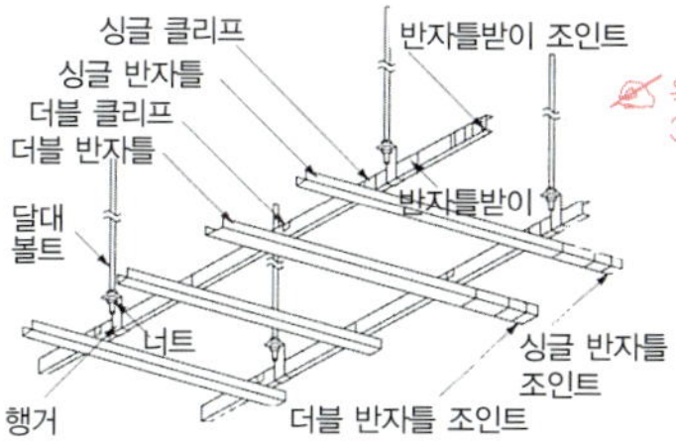

옥외의 일반적인 반자틀 간격은 300mm 정도로 한다.

천장바탕 각부의 구성

2. **천장마감재의 강풍 대책**

강풍의 흡상대책용으로 풀림방지기구가 있는 달대행거나 클리프 사용을 고려한다.

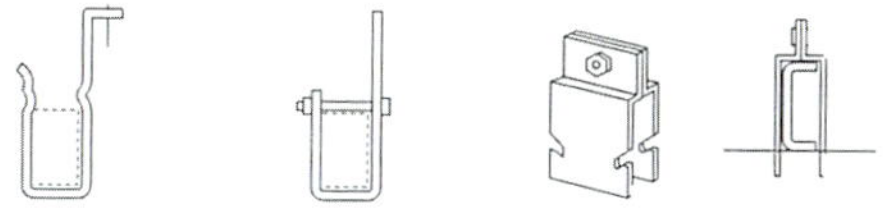

3. **빌딩풍대책**

처마반자 시공시에는 빌딩풍의 정확한 수치를 구하는 것이 아니라 시공한 부위에서 빌딩풍이 발생하기 쉬운지의 여부를 판단하는 것이 중요하다.

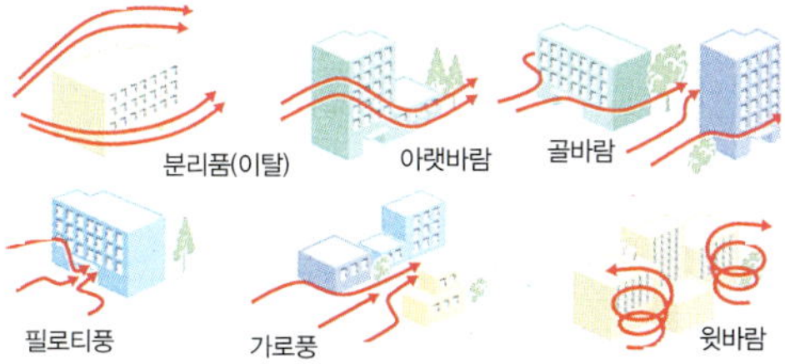

빌딩풍으로서 주의해야 할 장소

체 크

대책 1 ☞ 사례 52

❖ 품질관리 포인트

☞ 처마반자 시공에 앞서 설계시방 및 요구되는 성능을 확인 · 검토할 것

☞ 빌딩풍에 의한 영향에도 충분히 배려할 것

☞ 빌딩풍의 영향을 받는 고층 부분의 처마반자나 넓은 면적의 처마반자 반자틀 간격은 외벽 단부 부근의 풍압계수가 특히 크기 때문에 단부에서 안길이 1/10 또는 3m 이내 범위의 풍압계수를 −1.5로 계산할 것

5 처마반자에 발생한 녹

사례 52 차양 알루미늄 스팬드럴에 반점모양의 녹(점식) 발생

현상

준공한 지 10년 된 7층짜리 RC조 사무실 빌딩의 1층 엔트런스에서, 하얀 반점모양의 녹(점식)이 처마끝 및 처마반자 전면에 무수히 발견되었다.

원인

처마반자는 외벽처럼 풍우에 의한 셀프 클리닝이 불가능하기 때문에 결로, 건조를 반복하며 빗물이 돌아들어오고, 또한 대기오염물질이 고착하여 부착물질과 산화피막 부분 사이에서 전기화학적 부식이 발생했다.

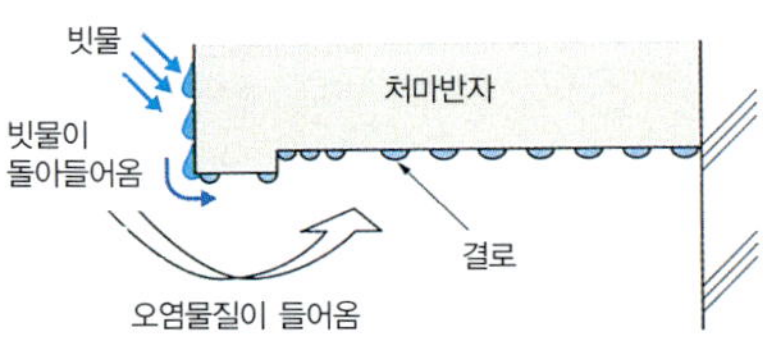

해결

엔트런스 전면에 양생시트를 붙이고 처마끝 및 처마반자 전면을 중성세제로 세정하며, 이후 고착물은 연마제가 포함된 세정제로 연마하고 표면의 요철 부위에 퍼티칠을 했다. 퍼티재가 경화된 후 프라이머, 마감도장을 했다. 마감도장은 우레탄 에나멜도료로 했다.

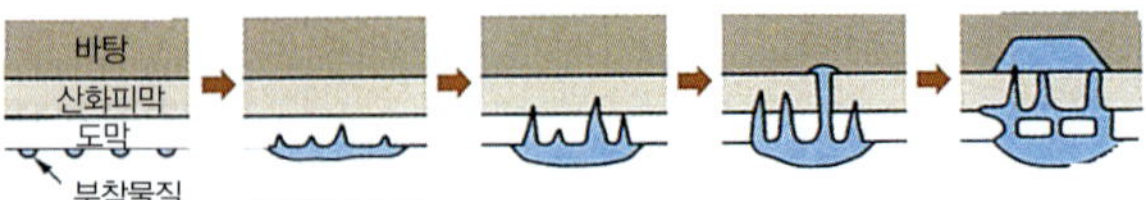

- 결로 · 건조의 반복
- 대기오염물질 부착

- 부착물질의 고착.
- 수분, 염분, 아황산가스 등이 침투, 도막이 부분적으로 갈라지기 시작함

산화피막이 갈라지기 시작함

전기화학적인 부식 발생

산화피막, 도막의 박리

점식과정

대 책

1. 입지조건과 청소 빈도

처마반자에 사용되는 알루미늄재는 외장 패널이나 새시처럼 셀프 클리닝을 하지 못하고, 또한 공기의 흐름과 동시에 오염물질이 들어와 부착되기 쉽기 때문에 정기적인 청소로 오염을 제거해 두는 것이 가장 중요하다. 청소 빈도는 오염 정도와 입지조건에 따라 다음 표를 참고로 한다.

입지조건별 청소회수의 기준

입지조건	청소횟수
임해공업지대	1~2회/년
해안, 공업지대	1회/년
시가지	0.5~1회/년
전원지대	0.5회/년

2. 관리방법

일반적인 표면처리 사양인 복합피막과 도막을 예로 들어, 표면열화상황과 관리사양의 개요를 다음에 나타낸다.

주) B, C 사양에 대해서는 전문가와 상담할 것

열화상황별 관리사양의 개요

열화상황		복합피막, 도막	
		내 용	관리사양
오염	부착물	물로 씻거나 중성세제 등으로 제거할 수 있는 것	A
	고착물	연마제가 함유된 세정제로 제거할 수 있는 것	B, C
광택 저하		물로 씻은 후, 표면의 광택이 심하게 저하된 상태	B, C
변색	백화	클리어 도막이 하얗게 변화된 현상	B, C
	황변	피막 또는 도막이 황색 · 갈색으로 변화된 것	B, C
초킹		표면이 하얗게 변해 떨어지기 쉬운 가루처럼 되는 현상	C
팽창		도막의 일부가 바탕에서 떨어져 들뜬 상태	C
균열		도막이 갈라질 수 있는 상태	C
박리		도막이 부착력을 잃어 피막에서 떨어지는 현상	C
점식		점 모양으로 발생한 부식	C

A : 세정제(중성세제, 에틸알코올)
B : 클리어도료
C : 에나멜도료(필요에 따라 퍼티, 프라이머 도료)

체 크

대책 1 ☞ 사례 45
대책 2 ☞ 사례 45

❖ 품질관리 포인트

☞ 건축물의 입지조건이 열악한 경우에는 공사감리자 및 업체와 협의하여 도막두께를 조정하는 것이 바람직하다.

☞ 처마반자는 오염되기 쉬운 장소라는 것을 건물 인도시 건물소유자 및 사용자에게 잘 설명하고, 정기적인 청소가 가장 중요하다는 것을 이해시킬 것

11장 설비관계 클레임 대책

1 빗물배수펌프 가동시 발생하는 소음

사례 53 지하 피트의 빗물배수펌프에 의한 소음 발생

현 상

준공한 지 2년 된 12층짜리 RC조 집합주택에서 지하피트의 빗물저류조에 설치된 빗물배수펌프가 가동되었을 때 그 소음이 집안까지 전달되었고, 비가 내릴 때마다 불만이 발생했다.

원 인

1. 배수펌프의 용량이 크다.
2. 펌프 및 펌프업 배수관의 진동이 구체에 전달되었다.
3. 옥외배수통에서의 펌프 배수시 발생하는 낙수음이 크다.

해 결

1. 토출측 배수관에 파이프 사이렌서를 부착했다.
2. 배관의 바닥관통부 모르타르를 철거하고 완충재를 충전했다.
3. 배관을 방진지지로 했다.
4. 펌프 하부에 방진시트를 부설했다.
5. 펌프 토출밸브를 전부 열림에서 3/4 열림으로 바꿔 유량을 조절했다(캐피테이션에 의한 진동음이 발생하고 있었다).

대 책

1. 빗물배수펌프 가동시의 소음대책

p.116와 같은 조치를 하여 소음이 대폭 감소되었음에도 거주자의 만족을 얻지 못하는 경우가 자주 있다. 2차 대책으로서 소용량 배수펌프를 상시 운전용으로 추가 설치한다.

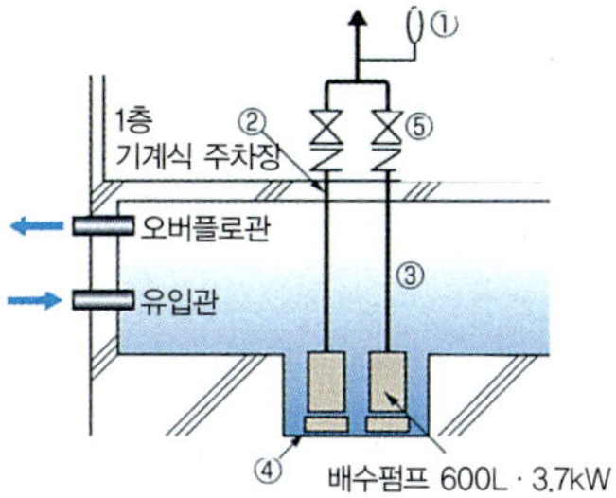

1차 대책 : ①~⑤는 "처치"의 1~5로 대응

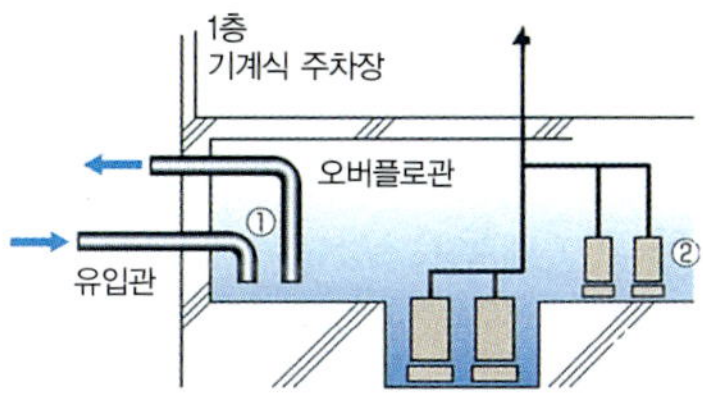

2차 대책 : 펌프를 추가하여 개선한 예

① 유입관 및 오버플로관을 회전이음에 의해 수중으로 치올려 음이 전달되는 것을 방지했다.

② 펌프추가설치(200L · 0.4kW)

체 크

대책 1 ☞
사례 40
사례 54
대책 2 ☞
사례 40
사례 54

2. 저류조 설치시의 주의사항

① 계획 초기에 건물의 GL 설정을 포함한 조정을 한다.

② 유입구배 확보, 자연배수에 의한 오버플로 확보, 저류조의 수심 확보 등을 검토한 GL을 설정한다.

③ 오버플로의 자연배수가 취해지지 않은 지하층에 설치하는 저류조는 특히 유입 제어, 펌프용량, 비상전원 설치를 충분히 검토한다.

❖ 품질관리 포인트

☞ 빗물배수뿐만 아니라 배수펌프를 설치하는 경우는 소형 펌프를 선정하고, 용량 부족 시 대형 펌프를 추가 설치하여 운전하는 방식으로 고려할 것

☞ 펌프, 배관의 진동이 구체에 전달되지 않도록 방진지지, 구체관통부에 완충재 충전을 할 것

2 화장실 배수시 발생하는 소음

사례 54 화장실 배수음에 의한 소음 클레임 발생

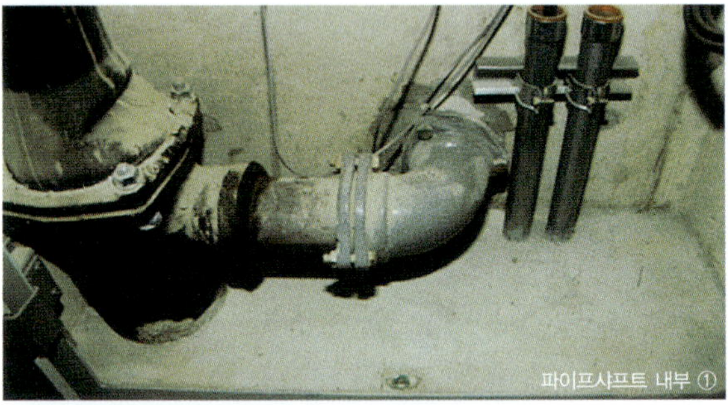

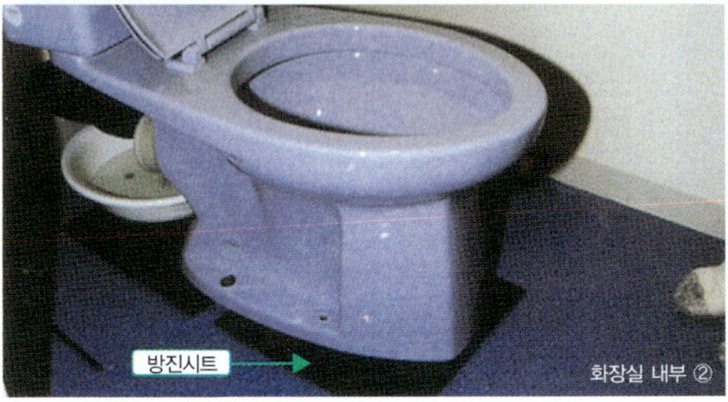

현상

준공한 지 1년 된 7층짜리 RC조 집합주택으로, 집안내 파이프샤프트의 배수수관에서의 배수음 및 변기 사용음에 의한 소음 클레임이 발생했다.

원인

새시의 기밀성이 향상되면서 외부 소음이 감소되고 실내가 더욱 조용해진 탓에 종래에는 소음이라 생각지 않았던 음도 거주자들에게는 소음으로 느껴져 클레임이 발생한 것으로 여겨진다.

해결

1. 배수수관에 방음시트를 감고 차음벽을 설치했다.
2. 변기 바닥에 방진시트를 설치했다(사진 ②).

대 책

1. 화장실 주위의 소음대책

변기 바닥에 방진시트를 부착하여 물이 떨어지는 소리가 전해지는 것을 방지함으로써 소음이 감소되었다.

2. 차음벽(차음구획) 설치

① 화장실과 침실 사이를 차음구획으로 한다.

② 차음벽은 차음성능이 높은 벽으로 하고 천장슬래브까지 치올린다.

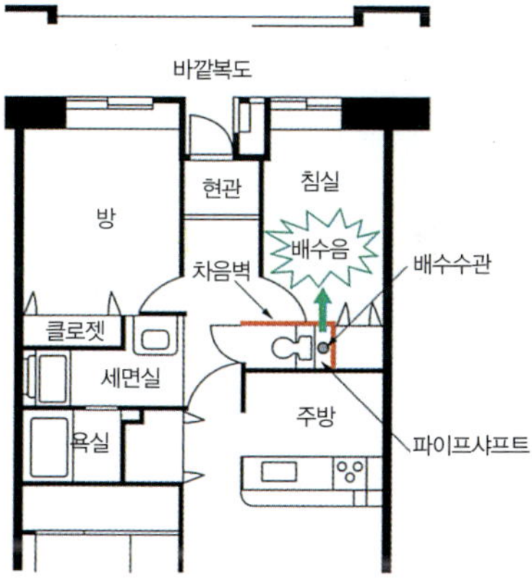

차음구획 설치

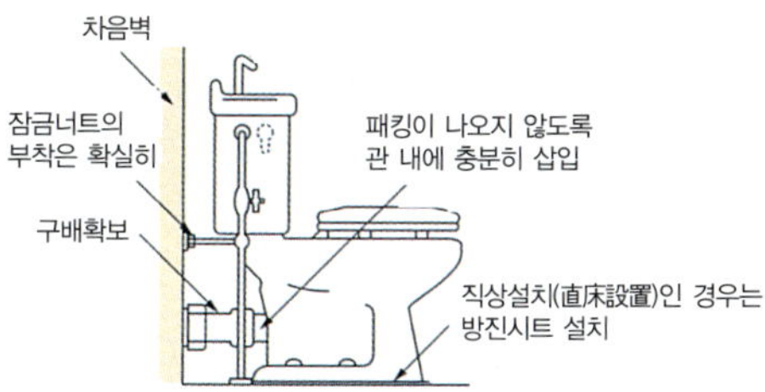

직상설치의 예

체 크

대책 1 ☞
사례 40
사례 53
대책 2 ☞
사례 40
사례 53

❖ 품질관리 포인트

☞ 화장실과 침실 사이를 차음구획으로 할 것

☞ 차음벽은 차음성능이 높은 벽으로 하고 천장슬래브까지 치올린다.

☞ 설계 · 시공 양면에서 차음하기 쉬운 계획, 유효한 방법, 비용, 시공성 등의 종합적인 소음방지대책을 검토할 것

3 공조실외기의 효율저하

사례 55 공조실외기 설치장소의 부적합에 따른 효율 저하

실외기 설치(일반적인 예)

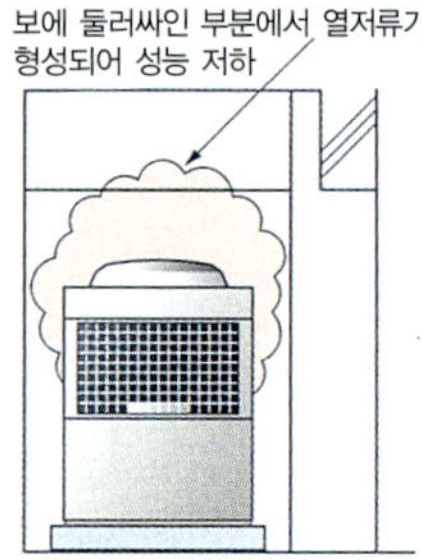

실외기 설치(불량 예)

현 상 준공한 지 3년 된 5층짜리 RC조 건물로, 1층은 사무실이고 2~5층은 집합주택이다. 사무실과 주택의 거의 모든 층에서 공조 효과가 떨어진다는 불만이 발생했다.

원 인 집합주택의 베란다 : 베란다의 안길이가 좁고 콘크리트제 난간이어서 통풍도 차단되어 숏 서킷*을 일으켰다.
1층 사무실의 실외기 설치장소 : 상부 공조가 보로 둘러싸여 있어 열이 저류되었고 숏 서킷을 일으켰다(윗 그림 참조).

해 결 집합주택의 베란다 : 콘크리트제 난간벽에서 위쪽으로 브라켓을 이용해 외벽면에 실외기를 설치했다.
1층 사무실의 실외기 설치장소 : 배기덕트를 접속하여 배기를 보의 바깥쪽으로 유도했다.

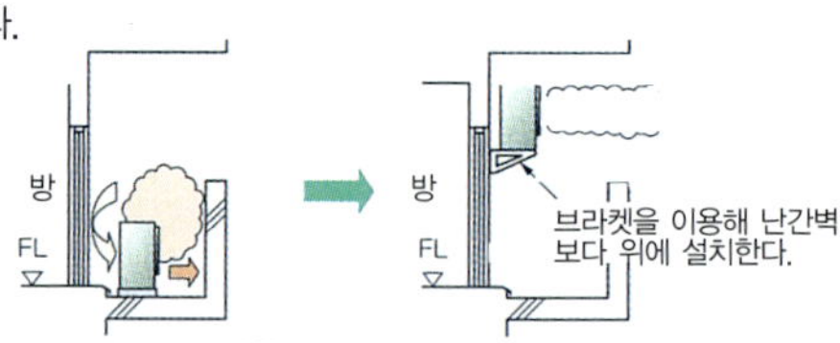

집합주택의 베란다

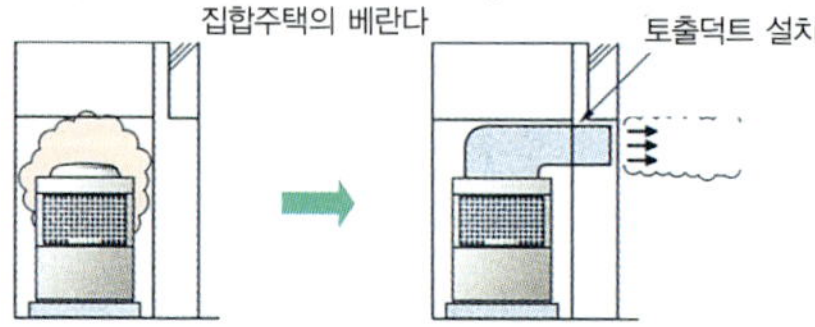

1층 사무실의 실외기 설치장소

대 책

1. 실외기 설치장소

① 냉난방기의 설치 위치는 통풍에 장해가 없고 열교환이 충분히 이루어지는 장소에 설치하며, 숏 서킷 방지와 하절기의 고온배기, 동절기의 저온배기에 대해 충분히 고려해야 한다.

② 공간의 효율적 이용과 디자인상의 배려로 데드 스페이스나 눈에 보이지 않는 장소에 설치되는 경우가 많으나 기능 확보를 우선으로 해야 한다.

2. 실외기에 관한 그 외의 불량 사례

① 이웃과의 경계면에 실외기를 설치하게 되는데, 이웃의 개축시 신설된 경계블록담에 의해 통풍에 장해가 되거나 열이 저류되는 장해가 발생하는 경우도 있다(오른쪽 그림). 앞으로 장해가 되지 않을 장소에 설치하는 것이 바람직하다.

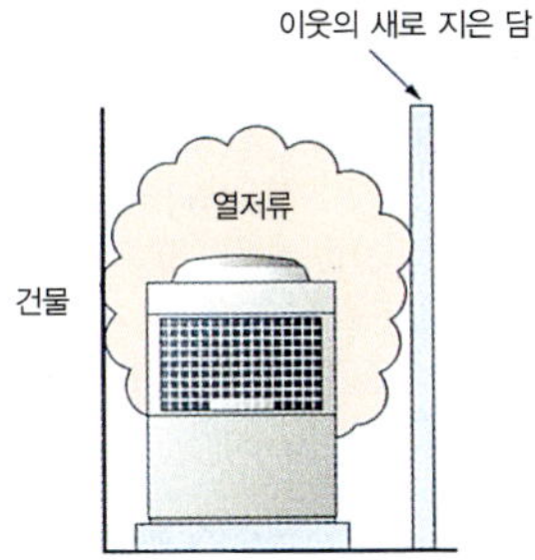

이웃의 경계블록담에 의해 통풍 장해와 열저류를 일으킨 예

② 쇼핑센터 건물의 주차장에서 차로(경사로) 아래의 공간을 이용하여 실외기를 설치했는데, 상부공간이 보로 둘러싸여 좁아졌기 때문에 실외기의 배기가 나가지 못하고 저류되어 숏 서킷을 일으켰다.

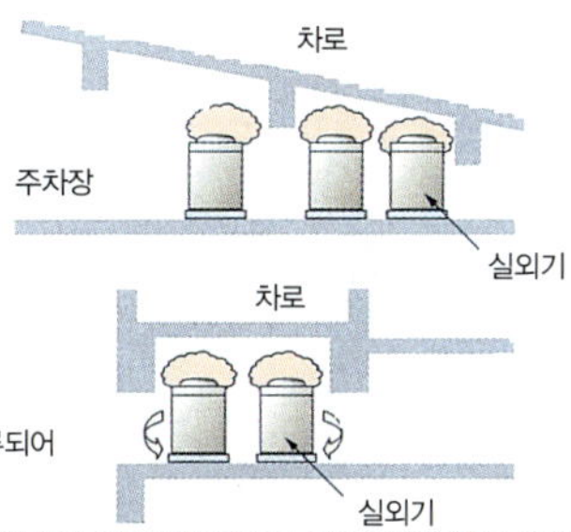

실외기의 배기가 저류되어 숏 서킷을 일으킨 예

*) 숏 서킷 : 실외기에서 흡출된 냉열풍이 그대로 흡입측으로 돌아 외기의 열을 이용할 수 없게 되는 상태

체 크

대책 1 ☞
사례 40
사례 53
대책 2 ☞
사례 40
사례 53

❖ 품질관리 포인트

☞ 설비기기의 효율저하는 장기에 걸쳐 거주자와 건물소유자에게 광열비 낭비를 증가시키기 때문에 실외기의 설치위치는 기능 확보를 우선으로 계획할 것

☞ 냉난방기는 외기의 열을 이용하는 기계이므로 숏 서킷 방지를 고려할 것

12장 부 록 - 결 로

1 결로의 원인과 메커니즘

● **결로의 원인**

주거에 있어서 결로의 발생원인은 매우 복잡하여 단순히 단열성능이나 내외의 온도차에 기인하는 것만은 아니다. 고기밀화된 주택 내의 입욕, 취사 등으로 발생하는 수분량, 환기와 난방방식, 일조율, 단열의 유무, 생활환경 등 다양한 요인이 얽혀 발생하게 된다.

한편 결로에는 눈에 보이는 '표면결로'와 벽 등의 내부에서 일어나는 '내부결로'의 두 가지로 나뉜다.

▶ 표면결로 : 어떤 물체의 표면에 발생하는 결로
· 냉장고에서 꺼낸 물체의 표면에 붙는 물방울
· 겨울철 밀폐된 방에서 냄비에 음식을 끓이거나 물을 끓이면 창에 붙는 물방울

▶ 내부결로 : 내부에서 바닥이나 벽 등에 자주 나타나는 결로
· 반침의 바닥이나 벽 크로스의 습기 또는 곰팡이
· 장판 표면과 바닥의 습기 또는 끈적끈적한 상태

● **결로의 메커니즘 - 결로발생의 구조**

결로란 많은 수분을 포함한 따뜻한 공기가 차가운 물질에 닿아 차가워진 물방울이 되는 현상을 말한다. 공기에 포함될 수 있는 수분량은 온도에 따라 크게 변화되는데 온도가 높을수록 많은 수증기를 포함할 수 있다.

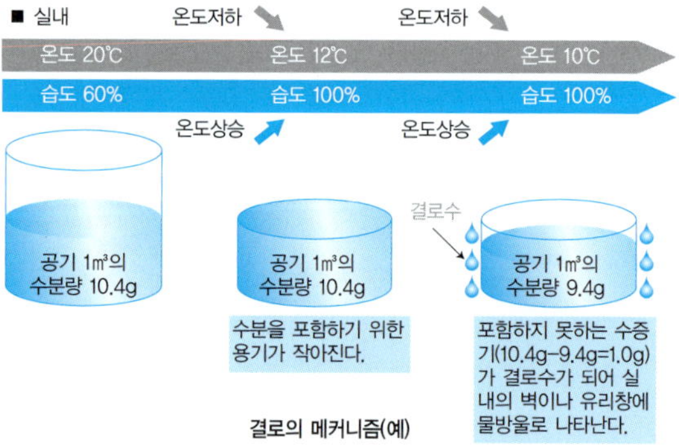

결로의 메커니즘(예)

결로발생 현상으로 가장 많이 볼 수 있는 것은, 겨울철에 난방을 하지 않은 방에서의 결로이다. 이들 습기는 발생한 장소에서 환기에 의해 실외로 배출되지 않는 한 방 안에 고여 난방하고 있는 방에서 발생한 수증기가 난방을 하지 않은 온도가 낮은 방이나 반침 · 클로젯 등에 유입되어 표면온도가 낮은 창이나 벽에서 결로가 된다.

2 결로되기 쉬운 장소와 발생원

● **결로되기 쉬운 장소**

반침이나 클로젯 등 실내의 온도에 비해 저온이 되는 장소나 공기가 정체되기 쉬운 장소는 결로가 발생하기 쉽다.

계절에 따라서도 결로가 발생하기 쉬운 장소가 다르므로 주의!

● **주거에서의 주요 습기 발생원** 일반가정(4인 가족)의 1일 수분발생량은 약 10ℓ나 됨!

① 주방에서의 취사와 식기를 씻을 때
② 욕실에서의 탕기
③ 세탁이나 세면에 따른 수분의 증발
④ 인체에서의 발한
⑤ 개방형 난방기구(석유스토브, 팬히터 등) 연소시의 수증기

겨울철 결로발생에서 가장 많은 원인!

● **주거방식에 대한 조언**

결로의 발생상황은 건물의 단열성능이나 시공의 좋고나쁨 등과 같은 설계 · 시공상의 원인 외에도 거주자의 주거방식에 의해 크게 영향을 받는다. 결로의 방지 · 저감을 위해 거주자에게 결로의 발생원인을 설명함과 동시에 다음과 같은 조언을 하는 것이 바람직하다.

① 적절한 난방기구 사용(겨울철)
② 실내를 너무 가습하지 말 것
③ 환기를 충분히 할 것
④ 계절에 따라 결로가 생기기 쉬운 장소를 파악하여 결로방지대책을 세운다.

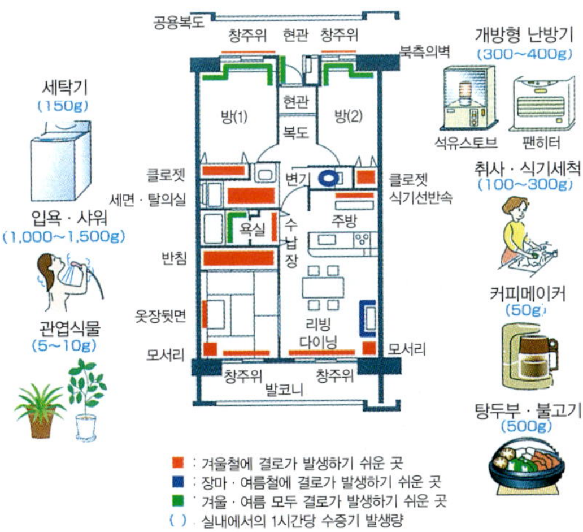

집합주택에서의 계절별 결로발생 장소와 주된 발생원

부 록 – 새집증후군

1 새집증후군 문제에 대한 대처

휘발성유기화합물(VOC)은 물질 자체가 지닌 독성뿐만 아니라 악취 및 오존원인물질로 작용하고 있어 관리대책이 요구되고 있다.

1. 새집증후군의 원인

1.1 새집증후군을 유발하는 주요 환경오염물질

(1) 실내환경 오염물질
1) 부유물질(TSP/먼지)
2) 이산화탄소(CO)
3) 포름알데히드(HCHO)
4) 휘발성유기화합물(TVOC s)
5) 일산화탄소(CO_2)
6) 미생물성 물질(세균, 곰팡이, 진드기 등)

2.2 새집증후군 유발물질의 주요 발생원

(1) 포름알데히드(formaldehyde)
(2) 그 외 새집증후군을 일으키는 물질

2. 실내오염발생원인과 유해성

남 진 권

영남대학교 법정대학 법학과 졸업
연세대학교 행정대학원(석사)
단국대학교 대학원(법학석사)

대한건설협회 근무
LG(현, GS)건설주식회사 이사
한국건설교육컨설팅 대표
한국건설감리협회 본부장

경영지도사(중소기업청장)
대한상사중재원 중재인
서울특별시 건설기술심의위원
구로구 건축심의위원
한국건설품질협회 자문위원
성균관대학교 겸임교수
단국대학교 강사
건설교통부인재개발원 강사
서울특별시인재개발원 강사
건설기술교육원 강사
건설산업교육원 강사
한국기술사회 강사

현/ 건설경영법제연구소 대표

클레임

2008년 1월 25일 1판 1쇄 인쇄
2008년 1월 30일 1판 1쇄 발행

편 저	(사)건축업협회시공부회
역 자	남 진 권
발 행 인	강 해 작
발 행 처	도서출판 기 문 당
주 소	서울시 성동구 공명길 39 (하왕십리동 966-22)
전 화	02) 2296-6171(代)~5
팩 스	02) 2296-8188
출판등록	1976. 10. 7(1-44)
홈페이지	http://기문당 www.kimoondang.com
I S B N	978-89-6225-006-0 93540

정 가 12,000원